月子每天怎么吃

艾贝母婴研究中心◎编著

四川科学技术出版社

foreword
前言

伴随着那一声响亮的啼哭，你就成为那个宝宝的妈妈了。他为你的人生开启了一个全新的旅程，从此你多了一份甜蜜的负担。

接下来的这个月，对妈妈来说，就是重要的月子期，如果无法认识和远离坐月子的种种误区，很可能会为自己的健康留下一些隐患，也会告别曾经有过的美丽；对小宝宝而言，是新生儿期，它关乎着妈妈能否成功进行母乳喂养。母乳是宝宝最理想和完美的食物，充足而又高质量的母乳，其重要性不言而喻。

坐月子的30天，给了妈妈一个难得的休养生息的好时机，恰当的进补、充足的休息、适度的运动都可以帮助妈妈调理身体、恢复心情。其中月子期的饮食是重中之重，它可以保证妈妈的身体尽快恢复，为哺育宝宝做好充足的储备，在哺乳的同时使自己的体形尽快恢复。

月子期间的饮食要合理调配，做到品种多样、数量充足、营养价值高。要注意避免以下几种饮食误区：过于担心喂养宝宝奶水的质量，一味地大补特补；担心饮食影响到自己身形体态的恢复，刻意减少进食量；抱着宁可信其有的心态，偏爱某种"月子最佳"食材和中药汤剂，或遵从月子传统，大量食用某种食物，彼长自然意味着此消，这往往会造成某种营养的缺失。

月子期间是一个承前启后的阶段，让它承接妈妈从前的活力与美丽，开启喂养聪明健康宝宝的幸福之旅。

目录

第一章
心中有数，吃对月子餐／1

第二章
每日三餐巧搭配，吃好月子餐／17

生产当天这样吃

第一周　代谢排毒周

目录

目录

第二周 收缩内脏周

目录

第三周　滋养进补周

目录

目录

第四周　体力恢复周

目录

目录

第三章

治疗性食谱，远离月子病／175

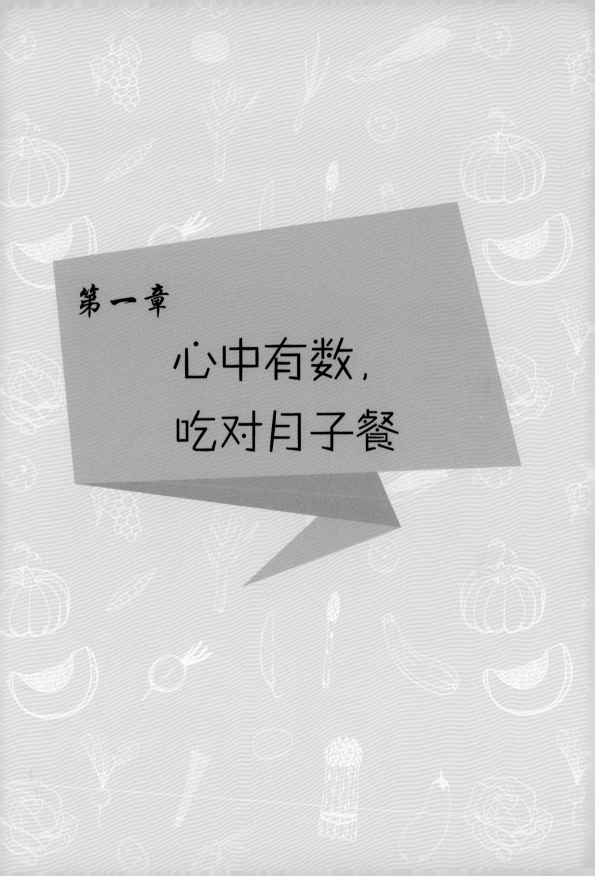

第一章

心中有数，
吃对月子餐

月子期间的营养需求

按照我国传统，人们很重视"坐月子"时的食补，产妇往往被动地进补大量动物性食物，而其他食品如蔬菜、水果等，则很少被选用。这种饮食模式，往往导致营养不均衡，使维生素、矿物质和膳食纤维摄入不足。

像普通人一样，月子期间的膳食仍是由多样化食物组成的营养均衡的膳食，以满足营养需要为主要原则，而无须特别禁忌。每种食物所含的营养成分是不尽相同的，挑食、偏食等不良饮食习惯一定要改掉，应保持月子期食物多样，充足而不过量。

1.注意能量摄取，主副食种类要多样化

哺乳妈妈分泌乳汁所需要的能量，有 1/3 来源于怀孕时体内脂肪的贮存，另 2/3 则来源于食物，包括三大能量来源：碳水化合物、蛋白质和脂肪。专家建议，哺乳妈妈膳食能量在一般成年女性的基础上，每天应增加 500 千卡（1 千卡 =4158.85 焦耳），以达到 2 600 ~ 2 800 千卡 / 日为宜。

能量的摄取与泌乳量息息相关。即便是健康状况良好的哺乳妈妈，如果为了保持身材，在哺乳期节制饮食，也可使泌乳量减少到正常的 40% ~ 50%。

主食富含碳水化合物，是能量的主要来源。不能只吃精米精面，还要搭配杂粮，如小米、燕麦、玉米粉、糙米、标准粉、红豆、绿豆等。这样既可保证各种营养的摄取，还可使蛋白质起到互补的作用，提高食物的营养价值，对哺乳妈妈恢复身体很有益处。

2.补充优质蛋白，增加鱼、禽、肉、蛋等的摄入

蛋白质的摄入量，对乳汁分泌的数量和质量影响最为明显。哺乳妈妈膳食蛋白质在一般成年女性基础上，每天应增加 25 克，一般每天摄入 90 ~ 95 克蛋白质就足够了。鱼、禽、肉、蛋、奶及大豆类食物都是优质蛋白质的良好来源。

但蛋白质也不可过量摄取，否则会加重肝肾负担，还易造成肥胖。

3.控制脂肪的摄入，多吃富含 DHA 的食物

脂肪对宝宝的大脑发育很有益，特别是不饱和脂肪酸（如 DHA），对宝宝中枢神经的发育特别重要。哺乳妈妈饮食中的脂肪含量及脂肪酸组成会影响乳汁中这些营养的含量。

脂肪的摄取也不能过量，否则会使乳汁中脂肪含量过高，会造成宝宝腹泻、

肥胖；哺乳妈妈本身也会发胖，甚至产生脂肪肝。脂肪所提供的热能应该低于一天总热能的 1/3。

4.注意补充钙、铁、锌、碘等微量元素

哺乳妈妈膳食钙推荐摄入量比一般女性增加 200 毫克 / 天，总量应达到 1 000 毫克 / 天，如果不能从食物中摄取足够的钙，动用哺乳妈妈自身骨骼中的钙，就会导致哺乳妈妈骨质疏松、腰酸背痛甚至牙齿松动。奶类含钙高且易于吸收利用，是钙的最好食物来源。若哺乳妈妈每天饮奶总量达 500 毫升，则可获得约 540 毫克的钙，加上选用一些深绿色蔬菜、豆制品、虾皮、小鱼等含钙较丰富的食物，则可达到推荐摄入量。为增加钙的吸收和利用，哺乳妈妈还应补充维生素 D 或多做户外活动。

妊娠过程和分娩过程中都有大量的铁损失，分泌乳汁也要动用部分铁。专家建议，哺乳妈妈每日从饮食中应补充约 25 毫克铁。可多摄入动物肝脏、动物血、瘦肉等含铁食物，预防缺铁性贫血。

在微量元素中，碘和锌的膳食摄入量增加，乳汁中的含量也会相应增加，并且这两种微量元素与婴儿神经系统的生长发育关系较为密切。贝壳类海产品、红色肉类及其内脏均为锌的良好来源，海产品中则含碘丰富，如海带、紫菜、淡菜、虾皮等是碘的良好来源。可多吃一些海产品，增加 DHA、锌、碘的摄入。

5.食物多样化才能保证维生素的摄入

哺乳妈妈对维生素的需要量都相对增高。维生素因其种类较多，单一的食物很难做到面面俱到，只有食用较多种类的食物，才能保证各种维生素的均衡摄入，建议一日至少要吃 10 ～ 20 种食物，以达到 30 种以上为佳。

优先考虑维生素 A 的摄入，哺乳妈妈的维生素 A 推荐量比一般成年女性增加 600 毫克视黄醇活性当量（RAE），而动物肝脏富含维生素 A，若每周增选 1 ～ 2 次猪肝（总量 85 克），或鸡肝（总量 40 克），则平均每天可增加摄入维生素 A 600 微克 RAE。

6.多吃应季的蔬菜和水果

蔬菜水果是维生素、微量元素、膳食纤维和植物化学物质的重要来源，其中膳食纤维可增加肠蠕动，有益于肠道健康，防止产后便秘。深色蔬菜具有一定的营养优势，应注意摄入，如深绿色、红色、橘红色、紫红色蔬菜等。除过于生冷和寒性水果不宜多吃外，室温下的凉拌菜和各种水果都可以食用。

哺乳妈妈一天食物建议量

从营养角度来看，不同食物所含的营养成分种类及数量不同，充足、适量、平衡是哺乳期饮食的原则，为此，中国营养学会在《哺乳期妇女膳食指南》中提出如下建议：

谷类 250 ~ 300 克，薯类 75 克，杂粮不少于 1/5。

蔬菜类 500 克，其中绿叶蔬菜和红黄色等有色蔬菜占 2/3 以上。

水果类 200 ~ 400 克。

鱼、禽、蛋、肉类（含动物内脏）每天总量为 220 克。

牛奶 400 ~ 500 毫升；大豆类 25 克，坚果 10 克。

烹调油 25 毫升，食盐 5 克。

为保证维生素 A 和铁的供给，建议每周吃 1 ~ 2 次动物肝脏，如总量达 85 克的猪肝或总量 40 克的鸡肝。

月子期间饮食的特点

1.以流食或半流食开始

新妈妈产后处于比较虚弱的状态，胃肠道功能难免会受到影响。尤其是进行剖宫产的新妈妈，麻醉过后，胃肠道的蠕动需要慢慢地恢复。因此，产后的头一个星期，最好以容易消化、容易吸收的流食和半流食为主，如稀粥、蛋羹、米粉、汤面及各种汤等。

2.清淡适宜，易消化

月子里的饮食应以清淡为宜。无论是各种汤，还是其他食物，都要尽量清淡。切忌大鱼大肉，切忌多油多盐。大鱼大肉中虽然富含蛋白质，但也含有一定量的脂肪，加之过量用油，会导致脂肪摄入过量；过咸以及腌制食物会影响新妈妈体内的水盐代谢，盐以每日不超过 5 克为宜，但并不是不放或过少。

避免吃辛辣刺激的食物，如韭菜、大蒜、辣椒等，否则容易助内热，可使产妇口舌生疮、大便秘结或痔疮发作。若母体存有内热，可通过哺乳影响到婴儿，也会使婴儿内热加重。

可用少量葱、姜、蒜、花椒粉等性偏温的调味料，有利于血行，也有利于瘀血排出体外。浓茶、咖啡应尽量避免。辛辣、酸涩的食物会刺激新妈妈虚弱的胃肠，引起便秘等不适；摄入过多甜食，会影响食欲，并造成脂肪堆积而引起产后肥胖。

3.少吃多餐

孕期时胀大的子宫对其他器官都造成了一定压迫，产后的胃肠功能需要一定时间才能恢复正常，所以要少吃多餐，可以一天吃五到六次。采用少食多餐的原则，既保证营养，又不增加胃肠负担，可让身体慢慢恢复。

4.合适的烹饪方法

为了使食物容易消化，在烹调方法上应多采用蒸、炖、焖、煮，不采用煎、炸的方法。妊娠期间消耗了大量的钙，很多新妈妈会出现牙齿松动的情况，如果吃的食物过硬，不但不利于牙齿，也不利于消化吸收。因此，饭要煮得软一点，忌油炸及坚硬、带壳的食物。

5.适当补充体内的水分

对于哺乳的新妈妈而言，乳汁的分泌会增加身体对水分的需要量。此外，新妈妈大多出汗较多，体表的水分挥发也比平时大。因此，饮食中的水分可以多一点，如多喝汤、牛奶、米粥等。一定要注意多喝汤。汤类味道鲜美，易消化吸收，还可促进乳汁分泌，如红糖水、鲫鱼汤、猪蹄汤、排骨汤等，需注意的是，一定要汤和肉一同进食。

6.不宜食用生、冷的食物

产后宜温不宜凉，温能促进血液循环，寒则使血液流通不畅。在月子里身体康复的过程中，有许多浊液（恶露）需要排除体外，产伤也有瘀血停留，生冷的食物会使身体的血液循环不畅，影响恶露的排出。还会使胃肠功能失调，出现腹泻等。一些从冰箱中取出的瓜果，放置一段时间后再食用。

7.切忌盲目进补

产妇分娩结束后，不必刻意大量进补，有些身体虚弱的新妈妈则可在医生指导下进行滋补。进补时，要考虑新妈妈的身体状况，以及季节的差异性、环境的变化等。

产褥期饮食以温、补为重，但在对药膳的选择上需要慎重，如果需要吃些中药进行调理，建议依据个人体质的差异，在中医妇产科医生的指导下选择药材及药量。一些使用陈皮、黄芪、当归等制作的药膳，虽然具有滋补强身的作用，但若是照单全吃，反而会危及健康。

正确的进补应该以现代医学的指导为本，听从专业中医的诊断，不要道听途说。尤其是如果产后排恶露及哺乳均不顺，或者有感冒、头痛、喉咙痛、皮肤痒、胃痛、失眠、自汗、盗汗等疾病发生的话，饮食与药物就必须进行相应改变，同时尽快就医。

依阶段调整滋补重点

新妈妈在产后月子期，身体分为四个恢复阶段，应该根据每个阶段不同的恢复需求，结合新妈妈的个人恢复状况进行"排、调、补、养"全面的膳食调理。

第一阶段（产后第一周）：排

排除恶露，愈合伤口。此阶段内，由于生宝宝的过程中，身体的相关脏器存在很多瘀血、废物和毒素，排毒和愈合伤口是主要任务，饮食应以清淡为主，过早进补反而影响通乳。刚刚分娩完的新妈妈食欲低，所以饮食分量要小，少食多餐为佳。餐食的主要功效是补气血，愈合撕裂的创口，但在菜肴汤羹中尽量不要添"党参""黄芪"等补气血的药材，因为此类药材有活血的作用，在排除恶露的阶段使用，会增加产后出血量，要等到恶露颜色减淡后再行添加和食用。

第二阶段（产后第二周）：调

修复组织，调理脏器，增乳强身，修复怀孕期间承受巨大压力的各个组织器官。此阶段伤口慢慢愈合，乳腺也较通畅了，哺乳期的新妈妈每天需要大量的热量来提供给自身机体，食欲和食量也相应增加，饮食方面还是遵守少食多餐的原则，食材可选用能强身健体的牛肉、杜仲等，修补脏器的羊肉、猪肝、猪腰、枸杞，补血益气的红枣、当归等。

第三阶段（产后第三周）：补

增强体质，滋补元气，促进乳汁分泌，调整人体内环境，增强体质，使肌体尽量恢复到健康状态。此阶段，各种营养元素都应均衡，补充要充分，食物的特点是既要补益精血，又要促进母乳的分泌，强筋健体，同时为产后瘦身做准备。

第四阶段（产后第四周）：养

健体修身，美容养颜，恢复体力。此阶段的饮食结构和上一阶段相差不大，增强肌体活力、增加抵抗力、增乳都是侧重点。

需要强调的是，这几个阶段虽各有侧重点，当并不意味着它们是完全分割的，自产后开始排恶露时，身体各器官功能就已在不断恢复，恢复的同时也需要营养支持，即滋补。因而"排毒、收缩内脏、滋补"这些内容应该是同时进行的。在每个阶段，都要照顾重点，兼及其他。

哺乳期如何科学饮汤

哺乳妈妈每天摄入的水量与乳汁分泌量密切相关，因此哺乳妈妈应科学地饮用汤水，月子期饮用汤水可注意以下几点：

（1）餐前不宜喝大量的汤，以免影响食量。可以在餐前喝半碗或一碗汤，待到八九成饱后，再饮一碗汤。

（2）不宜喝油量过大的浓汤，过量的脂肪会影响哺乳妈妈的食欲，以及引起婴儿脂肪消化不良性腹泻。煲汤的材料可选择一些脂肪含量较低的肉类，如鱼类、瘦肉、禽类（去皮）、瘦排骨等，也可喝蛋花汤、豆腐汤、蔬菜汤、面汤及米汤等。

（3）喝汤的同时要吃肉。肉汤的营养成分大约只有肉的1/10，为了满足哺乳妈妈和婴儿的营养，应该连肉带汤一起吃。

（4）可根据哺乳妈妈的需求，加入一些对补血有帮助的煲汤材料，如红枣、红糖、猪肝等。还可加入对催乳有帮助的食材，如仔鸡、黄豆、猪蹄、花生、木瓜等。

知识链接

过早催乳不利哺乳妈妈健康

生产后，除了大量进补外，很多哺乳妈妈迫不及待地大量进补各类汤水，如猪蹄汤、鲫鱼汤等来催乳。其实，这种进补方式并不可取，产妇的乳汁情况与其营养摄取、遗传因素等有关。一般来说，孩子出生后，乳腺在两三天内开始分泌乳汁，此时的母乳是很有价值的初乳。经婴儿反复吮吸，大约在产后的第四天，乳腺开始分泌真正的乳汁。民间常在分娩后的第三天开始给产妇喝鲫鱼汤、猪蹄汤之类，是有一定道理的。

一般情况下，身体健壮、营养好、初乳分泌量较多的产妇可以推迟催乳时间，喝汤的量也可相对减少，以免乳汁过度充盈使乳房形成硬块而导致乳腺炎。

月子里的最佳食材

红糖

　　产妇在分娩时，精力和体力消耗非常大，加之失血，产后还要哺乳，就需要补充大量铁质。红糖水能够补血，还能够活血化瘀，促进产后恶露排出，确实是新妈妈产后的补益佳品。此外，红糖具有健脾暖胃化食的功效，可增进新妈妈的食欲，促进消化。

　　不过，红糖水不是喝得越多越好，如果喝得时间太长，反而会使恶露血量增多，引起贫血。一般来讲，产后喝红糖水的时间以 7 ~ 10 天为宜。

小米

　　小米是传统的滋补食物，北方许多妇女在生育后，都有用小米加红糖来调养身体的传统。小米粥营养价值丰富，有"代参汤"之美称。小米富含维生素 B_1、B_2 及膳食纤维素。

　　小米粥不宜煮得太稀，也不可完全以小米作为月子里的主食，不然会营养不均衡，造成其他营养素缺乏。

红豆

　　红豆含有丰富的钾元素和纤维素，以利尿、消肿、催乳的功效著称，适合产后的新妈妈食用，可滋润肠胃，促进肠胃的消化，促进排毒排尿，有利于减轻产后身体的水肿现象，恢复身材。

　　红豆宜熬汤、煮粥及做豆沙等多种食品。

燕麦

中医认为，燕麦具有益气补虚、健脾养心、敛汗的功效。月子里的新妈妈适量食用燕麦食品，可改善产后体质虚弱、多汗、盗汗、缺乳、便秘、水肿等症状。

月子里，可将燕麦做成燕麦粥给新妈妈食用。注意，燕麦片煮的时间越长，其营养损失就越多。生麦片需要煮20～30分钟，熟麦片则只需5分钟，熟燕麦片与牛奶一起煮只需要3分钟，中间最好搅拌一次。

鸡蛋

鸡蛋中的蛋白质丰富并利用率高，还含有卵磷脂、卵黄素及多种维生素和微量元素，而且鸡蛋比较容易消化，适合产后胃肠虚弱的新妈妈食用。

一般情况下，新妈妈每天吃2～3个蛋就已足够了。过多摄取反而容易诱发其他营养病。

炖汤

月子里新妈妈出汗多，加之分泌乳汁，需水量要高于普通人，大量喝汤对身体补水及乳汁分泌都十分有益。这些汤类中含有易于人体吸收的蛋白质、维生素及微量元素，并味道鲜美，可刺激胃液分泌，既可提高新妈妈的食欲，还可促进乳汁分泌。

喝汤要注意适量，不要无限制，不然容易引起乳房胀痛。在产后的最初几天并不适合给新妈妈进补各种荤汤，最好以豆腐汤、蔬菜汤为主。过一段时间后再逐渐添加鸡汤、猪蹄汤、鱼汤、排骨汤等滋补汤，这些汤不仅能促进新妈妈的体能恢复，还有助于刺激乳汁的分泌而起到催乳的功效。

鱼肉

　　鱼肉味道鲜美，容易消化，并含有丰富的营养成分，对新妈妈产后恢复大有助益。产后可多食用鲤鱼、鲫鱼，两者都味甘性平，皆能补脾健胃、利水消肿、通乳。鲤鱼长于利尿消肿，鲫鱼长于下乳汁，适用于产后气血亏虚所致乳汁不足等症。炖汤是烹制鱼肉不错的方式，最好连汤一起吃。

　　鳝鱼有很强的补益功能，产后恶露淋漓、血气不调、消瘦均可食用。

鸡肉

　　鸡肉营养丰富，适合新妈妈进补。鸡肉的蛋白质含量较高，而且容易被人体消化吸收，可增强体力、强壮身体。相比较而言，乌骨鸡的调理功效更为显著，因此如果条件允许，新妈妈可选择乌骨鸡。

　　鸡皮脂肪含量较高，如果新妈妈摄入过多脂肪，可能会使乳汁中脂肪含量过高，从而导致宝宝腹泻。因此，煲鸡汤时，建议先去皮，出锅前再将汤面上的油撇去。

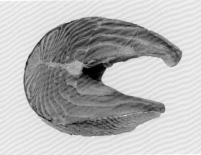

动物肝脏

　　动物肝脏含有丰富的铁，适量食用可改善产后贫血症状。动物肝脏含有大量的维生素 A，可维持生殖机能，保护眼睛，维持正常视力，防止眼睛干涩、疲劳，而产后的新妈妈生殖器官损伤较大，正好可以通过摄取动物肝脏来修复。另外，哺乳妈妈适量摄取富含维生素 A 的动物肝脏，对小宝宝的视力发育具有较好的促进作用。

虾肉

　　虾营养丰富，且其肉质松软，易消化，对身体虚弱以及产后需要调养的新妈妈是极好的食物。虾的通乳作用较强，并且富含磷、钙，对产妇尤有补益功效。

猪蹄

中医认为，猪蹄有壮腰补膝和通乳之功，可用于肾虚所致的腰膝酸软和产妇产后缺少乳汁之症。猪蹄还含有大量的胶原蛋白，对哺乳期新妈妈能起到美容的作用。

需要注意的是，猪蹄经常被不法商家用过氧化氢浸泡，以提高卖相，因此挑选猪蹄需多加注意：颜色发白，个头过大，脚趾处分开并有脱落痕迹的往往是化学猪蹄。

麻油

麻油就是芝麻油，其不饱和脂肪酸含量很高，进入人体内还可转化成前列腺素，从而促进新妈妈子宫收缩，调节体内脂质代谢，预防血栓形成。新妈妈适量摄取麻油，可促进产后恶露排出及子宫复旧。麻油的特殊香味及不油腻的特性，还可使新妈妈胃口大开，保持良好的食欲。我国南方民间坐月子最常用的麻油鸡就是用麻油制成的。

莴笋

中医认为，莴笋有清热、利尿、活血、通乳的功效，尤其适合产后小便不利及缺乳的新妈妈食用。此外，莴笋富含钙、磷等矿物质，有助于产后新妈妈补钙。新妈妈适量食用莴笋，能通过哺乳将钙、磷等成分传递给宝宝，从而促进宝宝的骨骼与牙齿发育。

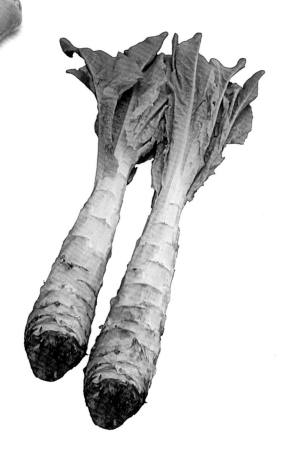

牡蛎

儿童脑发育所必需的八大营养素，分别是蛋白质、牛磺酸、脂肪酸、铁、锌、碘、硒、B族维生素。其中蛋白质、铁、碘、硒和B族维生素在我们的饮食当中相对容易获取，牛磺酸、脂肪酸、锌则相对摄入较少。

牡蛎中丰富的锌，不仅能提高新妈妈的抵抗力，还有助于促进宝宝成长，提高宝宝的免疫机能。牡蛎中含量丰富的牛磺酸，可促进大脑发育，因此哺乳妈妈多吃牡蛎，可增进宝宝的智力。牡蛎含有丰富的钙质，可预防产后骨质疏松，还能随母乳进入宝宝体内，从而起到强化宝宝骨骼的作用。

莲藕

莲藕营养丰富，清淡爽口，具有健脾益胃、润燥养阴、清热生乳等功效，非常适合产后胃口不开的新妈妈食用。另外，莲藕是祛瘀生新的理想食物，产后的新妈妈由于腹内积存有瘀血，适量食用莲藕，有助于尽早清除瘀血。

花生

花生富含油酸、亚麻酸、卵磷脂等营养成分，具有极好的健脑功效，新妈妈适量食用花生，不但对自身的脑保健具有积极意义，还能通过哺乳将这些健脑成分传递给宝宝，从而促进宝宝的脑发育。

另外，花生与猪蹄是一对黄金组合，二者都具有极好的催乳效果，因此新妈妈可常喝猪蹄花生汤。需要注意的是，花生不可过多食用，以免增加胃肠负担，导致消化不良，甚至造成产后肥胖。

桂圆

桂圆又叫龙眼，具有补血益脾、健脑益智、养心安神的功效，尤其适合产后身体虚弱的新妈妈进补之用。食用时，可以吃鲜桂圆，可以吃干桂圆肉，也可用桂圆煲汤。

木瓜

木瓜营养丰富，补身功效显著，是新妈妈月子里不错的食物选择。木瓜中的木瓜蛋白酶，可分解肉食，将脂肪分解为脂肪酸，一方面可以减少胃肠的工作量，预防便秘；另一方面，由于脂肪被分解，因此可防止新妈妈产后变胖。木瓜酶能消化分解蛋白质，有利于人体对食物进行消化和吸收，有健脾消食的作用。木瓜酶对女性乳腺发育十分有益，尤其在产褥期更有催奶的效果，因此乳汁缺乏的新妈妈食用可增加乳汁。木瓜具有淡化面部黑斑、色斑的作用，可消除新妈妈脸上的妊娠斑，使皮肤更嫩白。

芝麻

芝麻分为两种，即黑芝麻和白芝麻。其中，黑芝麻的补益效果更佳，产后新妈妈可适量摄取。中医认为，黑芝麻具有补肝养肾、补血益精、润肠通便的功效，适量食用对产后体虚、便秘、缺乳等症状均有不错的改善效果，还可以预防产后钙流失。

另外，黑芝麻中富含不饱和脂肪酸，对智力发育十分有益，新妈妈适量摄取黑芝麻，可使不饱和脂肪酸随乳汁进入宝宝体内，从而促进宝宝的脑发育。

海带

新妈妈产后饮食以清淡为宜，加碘盐的摄入量较少，且碘极易挥发损失，往往造成新妈妈缺碘的情况。海带富含膳食纤维和碘。其中，膳食纤维能促进胃肠蠕动，防止产后便秘；碘则是制造甲状腺素的主要原料，新妈妈适当吃些海带，可增加乳汁中碘的含量，有利于新生儿身体的生长发育，还可预防因缺碘引起的呆小症。

黄花菜

黄花菜又叫金针，具有利尿消肿、清热止痛、补血补身、健脑益智的作用，尤其适合产后有腹部疼痛、小便不利、面色苍白、睡眠不佳等症状的新妈妈食用。但需要注意的是，黄花菜含粗纤维较多，胃肠功能不良的新妈妈不宜多吃。另外，不能食用鲜品黄花菜，以免中毒。

红枣

中医认为，红枣是水果中最好的补药，具有益气补血、健脾养胃、补虚生津、调整血脉的作用，尤其适合产后脾胃虚弱、气血不足、倦怠乏力、心绪烦乱的新妈妈食用。

因此，一般认为，新妈妈产后常吃红枣，可以增强人体免疫力，保护肝脏；对产后贫血、气血虚弱具有较好的调养作用，可帮助恢复精力与神气；可减轻因心血不足引起的心跳加速、夜睡不宁及头晕眼花等症状。另外，可在一定程度上缓解产后烦躁的情绪，预防产后抑郁。

豌豆

豌豆有和中生津、止渴下气、通乳消胀之功。可用于烦热口渴，或消渴口干，以及产后乳汁不下、乳房作胀等症。哺乳期女性多吃点豌豆还可增加奶量。

山楂

山楂具有活血散瘀的功效，适用于产后恶露不尽、产后血瘀腹痛、下血块者。此外，山楂能治疗食欲不振，还能消积化滞，利于产后新妈妈开胃下食。

丝瓜

丝瓜具有一定的催乳作用，起催乳作用的是丝瓜的经络，即丝瓜络，因为丝瓜络本身就存在于丝瓜之中，所以吃丝瓜自然也有了这样的功效。新妈妈可以用新鲜丝瓜与猪蹄或其他肉类一起炖煮，都可以产生通乳的功效。

茭白

茭白甘凉，生津养阴而益血，适用于阴虚血少导致的产后乳汁分泌不足。茭白中的豆甾醇还能清除体内活性氧，抑制酪氨酸酶活性，从而阻止黑色素生成。它还能软化皮肤表面的角质层，使皮肤润滑细腻，帮助产后妈妈恢复美丽。

第二章

每日三餐巧搭配，吃好月子餐

生产当天这样吃

产妇在分娩当天，应以清淡、温热、易消化的稀软食物为宜。

剖宫产的妈妈需要禁食，等排气后再从流食、半流食，逐步恢复到日常饮食，在胃肠功能恢复前，不要食用牛奶、豆浆、蔗糖等易胀气食物。

顺产妈妈由于体力消耗更大，出汗多，需要补充足够的液体，包括牛奶、白开水等，但在乳汁分泌顺畅之前，暂时不要大量补汤，以免乳汁分泌过多堵塞乳腺管。有会阴伤口的妈妈需要在自解大便后，才能恢复日常饮食，同时要保证每天大便通畅；如有会阴Ⅲ度裂伤，需要无渣饮食，一周后再吃普通食物。软质的食物一方面易消化，另一方面也有利于产后妈妈的牙齿健康，因此适合于所有的新妈妈。

建议顺产妈妈的产后第一餐应以温热、易消化的半流质食物为宜，如藕粉、蒸蛋羹、蛋花汤等；第二餐可基本恢复正常，但由于产后疲劳、胃肠功能差，仍应以清淡、稀软、易消化食物为宜，如挂面、馄饨、小米粥、面片、蒸鸡蛋、煮鸡蛋、煮烂的肉菜、糕点等。

红枣花生小米粥

原料：

小米 80 克，红枣 8 颗，花生 30 克。

做法：

1.小米、花生淘洗干净；红枣冲洗净表面杂质，去掉枣核。

2.将小米、花生、红枣一同放入砂锅中，放入适量水，浸泡 30 分钟，然后开大火煮，煮至沸腾后转小火煮至黏稠。

牛奶炖蛋

 原料：

鸡蛋 1 个，牛奶 150 毫升，木瓜粒 20 克。

 做法：

1.鸡蛋在碗中打散，加入牛奶搅拌均匀，用吸筛网滤去大块的固体。

2.将装有蛋液的碗移入锅中，大火蒸 5 分钟，转中小火继续蒸 5 分钟，关火后不要马上打开锅盖，继续焖 5 分钟后取出，撒上木瓜粒即可。

肉香鸡蛋面

 原料：

猪肉 30 克，鸡蛋 1 个，青菜 1 把，面条 100 克，高汤（或清水）适量，盐、料酒、淀粉、香油各少许。

 做法：

1. 猪肉切丝后，加入少许料酒、盐、淀粉腌制码味。

2. 将高汤（或清水）煮沸后放入面条，接着敲入鸡蛋，然后加入猪肉丝，用筷子稍微拨散开来，倒入洗净的青菜，调入盐和香油调味即可。

生化汤

原料：当归 15 克，川芎 9 克，桃仁 9 克，炮姜 1.5 克，炙甘草 1.5 克。

用法：水煎服，或酌加黄酒同煎。

功用：活血祛瘀，温经止痛。

主治：产后恶露，小腹疼痛。

备注：民间常于产前备一两剂生化汤，分娩之后立即煎服，这是针对产后易瘀、多瘀的预防之法。

知识链接

服用生化汤需谨慎

清代著名医家萧埙在《女科经纶》中记载："产后气血暴虚，理当大补，但恶露未尽，用补恐致滞血，惟生化汤行中有补，能生又能化，真万全之剂也。"生化汤的主要作用为增加子宫收缩，促进恶露排出，为传统产后补体养身的妙方。

生完宝宝后，尽快把子宫内残留物质排出，对产妇恢复健康很重要。于是很多产妇会喝些生化汤来帮助排出恶露。不少月子中心也推出了各类生化汤。不过，月子期间生化汤的服用方式一定要谨慎。

生化汤的"活血化瘀"固然对排除恶露有帮助，但有的产妇把生化汤当水一样喝，殊不知，一次喝太多的话，反而容易引起子宫的新生内膜不稳定，造成出血不止。

产妇喝生化汤前应接受专业中医师的指导，且避开服用子宫收缩剂的时间，才能让生化汤发挥效用，避免产后出血。生化汤毕竟是中药药方，理应接受中医诊断，了解个人体质，评估是否需要服用，进行药材加减，并给出正确的服用方式，否则容易喝出问题。

第一周　代谢排毒周

 月子餐之第一天

10%红糖水500毫升，分数次饮用，时间以7～10天为宜。

全天饮料

🕐 早餐

胡萝卜软饼1个
红糖二米粥1碗
牛奶1杯

🕐 早点

应季水果1份

🕐 午餐

白米饭1碗
油菜木耳鸡片1份
麻油猪肝1份

🕐 午点

鲜肉馄饨1碗

🕐 晚餐

豆沙包2个
清炒莴笋丝1份
芙蓉虾仁1份

🕐 晚点

牛奶1杯
苏打饼干4块
腰果5粒

一日食谱举例

22

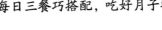

胡萝卜软饼

原料：

面粉150克，胡萝卜100克，鸡蛋2个，盐1.5克，花生油适量（读者可根据需要将烹调用油替换为其他常用油）。

做法：

1.将胡萝卜洗净，擦成丝；鸡蛋打散。

2.在面粉中加入适量清水、盐、胡萝卜丝和蛋液搅成稀糊状。

3.平底锅中加少量花生油，舀入一勺面糊，将面糊摊成软饼，两面煎熟即成。

红糖二米粥

原料：

大米、小米各50克，红糖适量。

做法：

1.大米、小米淘洗干净。

2.锅内放入适量清水，烧开后放入小米和大米，大火烧开后，转小火熬煮30分钟左右。

3.放入红糖，再熬煮几分钟即可。

油菜木耳鸡片

 原料：

油菜200克，鸡肉100克，黑木耳30克，葱花少许，花生油、盐、鸡精、白糖、淀粉、香油各适量。

做法：

1.将油菜洗净，切段；鸡肉切片，用淀粉抓匀，焯水备用；黑木耳洗净，去蒂，焯水。

2.锅中倒花生油烧热，煸香葱花，放入油菜段、鸡肉片、焯好的黑木耳快速翻炒，加白糖、盐、鸡精调味，淋香油出锅。

鲜肉馄饨

 原料：

瘦猪肉馅 50 克，葱叶 5 克，馄饨皮 10 张，香油少许，高汤适量，紫菜、盐各适量。

 做法：

1.将紫菜用温水泡发，洗干净泥沙，切碎备用；葱叶洗净，切成细末。

2.在瘦猪肉馅里加入葱末、香油和盐拌匀。

3.用小勺挑起肉馅，放到馄饨皮内包好。

4.锅内加入高汤（也可用清水），煮开，下入馄饨煮熟，然后撒入紫菜碎，煮 1 分钟左右，盛出即可。

麻油猪肝

 原料：

猪肝 100 克，葱花 5 克，老姜 20 克，盐 2 克，鸡精 1 克，黄酒 15 毫升，干淀粉 15 克，黑麻油 2 汤匙。

 做法：

1.猪肝用流动的水清洗干净，沥干水分，切成 0.5 厘米厚的片，加入少许黄酒、干淀粉、鸡精，抓拌均匀；老姜洗净，连皮斜切成大片。

2.将黑麻油倒入炒锅中，以中火烧至六成热，放入姜片爆香，炒至姜片周边变成褐色。

3.放入猪肝，转大火，调入剩余的黄酒，翻炒均匀至猪肝成灰褐色且看不到血丝，加入盐、葱花调味即可。

豆沙包

原料：

面粉 450 克，酵母 6 克，食碱 1 克，熟芝麻 15 克，白糖 15 克，玫瑰糖 15 克，香油 10 毫升，豆沙馅 200 克，温水 250 毫升。

做法：

1.将面粉加酵母、250 毫升温水和好揉匀，放入容器内保持 30℃左右，保温发酵 40 分钟备用。

2.豆沙馅放入油锅中翻炒至黏稠，加入白糖、玫瑰糖、熟芝麻、香油，拌和均匀备用。

3.蒸锅加水上火烧热，笼屉抹上油备用，再把发好的面团加适量的食碱揉匀，揉光滑后揪成 20 个大小均匀的剂子，再用擀面杖擀成面皮，包上豆沙馅，用手搓成馒头形状，整齐地放在笼屉内，用大火蒸 15 分钟取出即成。

芙蓉虾仁

原料:

虾仁 200 克, 鸡蛋清 3 个, 番茄 1/4 个, 姜、葱各 25 克, 盐 2 克, 胡椒面 1 克, 水淀粉、料酒、花生油、汤各适量。

做法:

1.虾仁淘洗干净, 盛碗内, 加盐、料酒、姜(拍破)、葱(切段)拌匀, 腌约 10 分钟; 番茄烫过去皮、籽, 切成细粒。

2.用一碗装鸡蛋清、盐、胡椒面、水淀粉调匀。

3.锅置旺火上, 下花生油烧至七成热; 装有鸡蛋清的碗内加汤搅匀, 下锅炒成嫩蛋; 然后再放入虾仁、番茄炒匀起锅装盘。

清炒莴笋丝

原料:

莴笋 300 克, 蒜 1 瓣, 盐 3 克, 花椒 6 粒, 鸡精少许, 花生油适量。

做法:

1.莴笋去皮和叶后洗净, 切成细丝; 蒜瓣切末。

2.锅内加入花生油烧热, 放入花椒、蒜末炸香, 倒入莴笋丝, 大火快炒片刻。

3.加盐和鸡精调味, 翻炒几下即可。

月子餐之第二天

🕐 **早餐**

豆沙包2个
嫩炒蛋1份
猪肝二米粥1碗
牛奶1杯（部分
用于嫩炒蛋）

🕐 **早点**

香蕉酸奶汁1杯

🕐 **午餐**

白米饭1碗
番茄炖牛腩1份
苦瓜排骨汤适量

🕐 **午点**

三红补血汤适量

🕐 **晚餐**

米饭1碗
葱油香菇1份
鲫鱼豆腐汤适量

🕐 **晚点**

牛奶1杯
全麦面包2片

一日食谱举例

豆沙包 （前一天制作的豆沙包加热一下）

嫩炒蛋

 原料：

鸡蛋 2 个，牛奶 50 毫升，盐、花生油各适量。

 做法：

1. 鸡蛋充分打散，加入牛奶、盐后打匀。
2. 锅里倒入适量花生油，烧热后倒入蛋液，边搅边炒。
3. 炒至八九成熟时，关火盛出即可。

猪肝二米粥

原料：

猪肝 50 克，大米 50 克，小米 30 克，
葱花 5 克。

做法：

1.将猪肝切成片，入开水锅中焯后捞出，再切成碎丁。

2.将大米、小米分别淘洗干净，放入锅中，加水，大火煮开，
再用小火继续煮。

3.待粥快熟时，加入猪肝碎丁、葱花，搅拌均匀即可。

香蕉酸奶汁

原料：

香蕉 200 克，酸奶 200 克，蜂蜜 20 克，
柠檬汁 2 毫升。

做法：

1.将香蕉去皮，捣烂成泥。

2.将香蕉泥与酸奶混合均匀，再加入蜂蜜和柠檬汁即可。

番茄炖牛腩

 原料：

牛肉 200 克，番茄 4 个，葱花、花椒、八角各适量，盐少许。

做法：

1.将牛肉洗净切成小块，将锅中加入适量水，水开后放入牛肉块、花椒、八角，大火煮沸。

2.水开后，将浮沫撇干净，先小火炖 1.5 小时；将洗净的番茄切块，下锅继续炖。

3.半小时后加盐，撒上葱花，出锅。

苦瓜排骨汤

 原料：

排骨 400 克，苦瓜 200 克，泡发黄豆 50 克，蜜枣 5 克，姜 2 片，盐 2 克。

 做法：

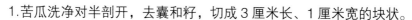

1. 苦瓜洗净对半剖开，去囊和籽，切成 3 厘米长、1 厘米宽的块状。

2. 将排骨切成块状，放入滚水中氽烫 5 分钟，捞出清洗干净。

3. 将黄豆、蜜枣、苦瓜块、排骨块、姜片一起放入盛有水的砂锅里，大火煮开，转小火慢炖 2 小时。之后加盐调味，继续炖 15 分钟即可。

三红补血汤

原料：

红薯 300 克，红枣 8 颗，红糖适量。

做法：

1. 将红薯洗净去皮，切小块；红枣洗净。

2. 锅置火上，加入适量清水烧开，放入红薯和红枣，大火烧开后转小火熬至熟烂，加入红糖调味即可。

葱油香菇

 原料：

香菇 100 克，葱白 50 克，姜 25 克，盐 2 克，胡椒面 1 克，花生油、香油、高汤各适量。

 做法：

1.香菇用温水泡涨，去柄，洗净，沥干水；姜拍破；葱白切 7 厘米长的段。

2.炒锅置旺火上，放花生油烧热，下姜、葱段炒香；掺高汤，加盐、胡椒面烧约 2 分钟，下香菇，用小火慢收；收至香菇烂软入味，汁快干时起锅。

3.将部分葱段拈盘中做底，上面盖香菇（大的斜刀片成 2~3 片）；原汁拣去姜和多余的葱段，加香油和匀，淋于香菇上即可。

鲫鱼豆腐汤

 原料：

鲫鱼 1 条，豆腐 200 克，葱、姜末各 5 克，盐 3 克，醋 5 毫升，花生油适量。

 做法：

1.鲫鱼除去内脏，清洗干净，如果鲫鱼较大，可将其切成 4 厘米长的段；豆腐切成 1 厘米见方的小丁。

2.中火加热锅中的花生油，将鱼放入锅中煎 2 分钟，加入葱、姜末煸一下，随后加入 800 毫升水，水开后，加入醋，再转小火煮制 10 分钟。

3.将豆腐丁放入锅中，再煮 10 分钟，至汤色转白后，调入盐。

月子餐之第三天

 早餐

虾仁蛋炒饭 1 碗
紫菜海味汤适量

 +

午餐

金银米饭 1 碗
菠菜拌黑木耳 1 份
猪蹄黄豆汤适量

午点

蜜红豆 1 小碗

晚餐

馒头 1 个
干炒豆腐 1 份
麻油鸡块 1 份

晚点

牛奶 1 杯
全麦面包 2 片

一日食谱举例

虾仁蛋炒饭

原料：

米饭 150 克，鸡蛋 1 个，虾仁、豌豆各 50 克，火腿 20 克，葱花 10 克，盐 1 小匙，鸡精 1 小匙，花生油适量。

做法：

1.将火腿切丁；鸡蛋用花生油炒熟备用；豌豆洗净，煮熟。

2.锅中放花生油烧热，煸香葱花，放虾仁炒变色，再放米饭翻炒，加入火腿丁、豌豆、鸡蛋、盐、鸡精，翻炒均匀即可。

紫菜海味汤

原料：

紫菜 20 克，虾仁 30 克，香菇 2 朵，高汤 100 毫升，鸡蛋 1 个。

做法：

1.紫菜撕碎；虾仁剁成蓉；香菇切细丁；鸡蛋打散。

2.炖锅内加热水和高汤大火煮开，放入虾蓉、紫菜、香菇丁，煮开后，转小火煮约 15 分钟，将蛋液拌入，稍煮 1 分钟即可。

金银米饭

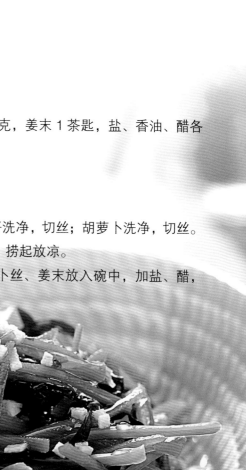

原料：

大米 200 克，小米 100 克。

做法：

1. 将大米、小米淘洗干净。

2. 大米放入装有水的锅里，开锅后再放入小米（大米与小米的比例可随意掌握），搅均匀，煮至米渐黏着时即改小火，焖 10 分钟便可出锅食用。

菠菜拌黑木耳

原料：

菠菜 200 克，黑木耳 5 朵，胡萝卜 100 克，姜末 1 茶匙，盐、香油、醋各适量。

做法：

1. 菠菜去叶、根，洗净切段；黑木耳泡好洗净，切丝；胡萝卜洗净，切丝。

2. 菠菜段、黑木耳丝、胡萝卜丝稍氽烫，捞起放凉。

3. 将处理好的菠菜段、黑木耳丝、胡萝卜丝、姜末放入碗中，加盐、醋，淋香油拌匀即成。

猪蹄黄豆汤

 原料：

猪蹄1个，黄豆100克，盐、姜、葱、黄酒各适量。

 做法：

1.将猪蹄刮洗干净，每只猪蹄剁成4块，放入开水锅内煮开，捞起用清水再洗一次；葱打结；姜切片。

2.黄豆拣净杂质，冷水浸泡膨胀，淘净后倒入砂锅内，加适量水，盖好盖，用小火煮2小时左右，放入猪蹄烧开，撇去浮沫，加入姜片、葱结、黄酒，改用微火炖至黄豆、猪蹄均已酥烂时，放盐，并用旺火再烧约5分钟，拣去葱结、姜片即成。

蜜红豆

 原料：

红小豆200克，蜂蜜适量。

做法：

1.红小豆挑去其中的杂质，加水浸泡一晚至豆子涨开。

2.倒去泡豆的水，将泡发的红小豆放入锅中，加入适量清水，大火煮开后转中小火煮至豆子软烂即可。吃的时候加蜂蜜调味。

干炒豆腐

 原料：

豆腐 400 克，葱花 20 克，盐 2 克，味精 1 克，花生油适量。

做法：

1.豆腐洗净沥干水，盛碗内用锅铲铲碎。

2.炒锅置中火上，放入花生油，烧至六成热时，将碗内豆腐倒锅中铲炒；至豆腐无生气味时，放盐、味精炒匀；待水汽炒干，豆腐表皮现黄色、收成小颗粒时，放入葱花，炒转起锅。

麻油鸡块

 原料：

鸡腿 2 个，老姜 30 克，醪糟 30 毫升，黑麻油 40 毫升，盐 5 克。

做法：

1.鸡腿用流动水冲洗干净，剁成大小适中的块，放入开水中汆烫去除血水，捞出待用；老姜切薄片。

2.黑麻油倒入炒锅中，中火烧至六成热，放入老姜片，转小火，爆香至姜片呈褐色但不焦黑。

3.转大火，倒入汆烫好的鸡块，淋入醪糟，翻炒至鸡肉约为七分熟，倒入水，以没过鸡肉 2/3 的位置为宜。

4.大火煮开后，转中小火继续炖煮 30 分钟，加入盐，继续炖煮至汤汁收干即可。

月子餐之第四天

🕐 **早餐**

馒头1个
黄瓜炒鸡蛋1份
金沙玉米粥1碗
牛奶1杯

🕐 **早点**

蜜红豆1小份
应季水果1份

🕐 **午餐**

迷你虾仁饺

🕐 **午点**

菜心肉丝面1碗

🕐 **晚餐**

馒头1个
醋熘茭白1份
腰花木耳笋
片汤适量

🕐 **晚点**

牛奶1杯
苏打饼干4块
腰果5粒

一日食谱举例

黄瓜炒鸡蛋

 原料：

黄瓜 250 克，鸡蛋 2 个，虾皮、水发木耳各 10 克，葱末 1 茶匙，盐少许，花生油适量。

 做法：

1.黄瓜洗净切片；鸡蛋炒熟，备用；虾皮温水洗过沥干水分；木耳洗净切碎。

2.锅中放入花生油，烧热后下入葱末和虾皮略炒，放入黄瓜片、鸡蛋，加盐，炒匀即可。

金沙玉米粥

 原料：

玉米粒 100 克，糯米 100 克，糖桂花、枸杞子各少许，红糖适量。

做法：

1.玉米粒、糯米分别用清水浸泡 2 小时。

2.玉米粒、糯米、枸杞子加适量水，以大火煮开，然后转小火煮至软透。

3.加入糖桂花，待花香渗入粥汁中后，加入红糖，再煮约 5 分钟即可。

蜜红豆

（制作方法见 37 页）

迷你虾仁饺

 原料：

面粉 500 克，虾 200 克，五花肉 200 克，胡萝卜 1 根，鸡蛋 1 个，盐、料酒各适量，葱花少许。

✖ **做法：**

1.将面粉加适量清水，和成光滑的面团，盖上湿布，饧 15 ～ 20 分钟。

2.将五花肉切末，将虾去头、去壳、去沙线，洗干净，剁成虾泥，将胡萝卜、葱花切末。

3.将所有材料一起放入大碗中，磕入鸡蛋，加入盐和料酒，用筷子朝一个方向搅拌 2 分钟即可。

4.醒好的面做成剂子，擀成饺子皮，逐个包入适量馅料。

5.饺子下入沸水锅中煮熟即可。

菜心肉丝面

 原料：

龙须面 100 克，猪里脊、油菜心各 50 克，葱花少许，色拉油、酱油、淀粉、香油、盐、鸡精各适量。

 做法：

1.猪里脊洗净，切成肉丝，用淀粉抓匀。

2.锅中倒色拉油烧热，下葱花煸香，倒入酱油，放适量水烧开，下龙须面煮熟，放肉丝滑散，放油菜心，加盐、鸡精，再开锅，淋香油即可。

醋熘茭白

原料：

茭白 250 克，盐适量，花椒 2 克，醋、酱油各 10 毫升，玉米淀粉 10 克，糖 5 克，花生油适量。

做法：

1. 茭白剥去外层老叶，洗净，切成小块。

2. 炒锅置旺火上加热，放入花生油和花椒，待热，放入茭白煸炒。

3. 熟后加入糖、醋、酱油，并用玉米淀粉着芡后即成。

腰花木耳笋片汤

原料：

猪腰 1 对，水发木耳 2 朵，笋片 50 克，葱半根，高汤、盐、鸡精、胡椒粉各适量。

做法：

1. 猪腰去腰臊，洗净切片，泡水备用；水发木耳去蒂，洗净切片；葱洗净切段。

2. 起锅烧水，把猪腰片、木耳片、笋片入沸水中汆烫至熟后捞出，盛入碗内。

3. 锅内倒入高汤煮沸，加入葱段及盐、鸡精、胡椒粉，再将烧滚的汤汁浇在盛猪腰片、木耳片、笋片的碗内即成。

月子餐之第五天

🕐 早餐

奶香土豆煎饼1个
香菇鸡肉粥1碗
拌海带丝1份

🕐 早点

黑芝麻糊1小碗
酸奶1小杯

🕐 午餐

白米饭1碗
芹黄拌卤豆腐干1份
萝卜羊肉汤适量

🕐 午点

红绿豆汤适量
应季水果1份

🕐 晚餐

黑豆莲藕炖鸡1份
西葫芦炒草菇1份
玉米面发糕2小块

🕐 晚点

牛奶1杯
全麦面包2片

奶香土豆煎饼

原料：

土豆 2 个，鸡蛋 1 个，牛奶 100 毫升，糯米粉 50 克，香葱花、盐、花生油各适量。

做法：

1. 土豆洗净，放入蒸锅中蒸至熟透，待凉后剥皮，捣烂成泥；鸡蛋在碗中打散后，加入牛奶、盐和糯米粉，用筷子沿同一方向搅拌，加入土豆泥，混合揉成一个大的土豆泥团。

2. 将大的土豆泥团分成同等大小的数个小土豆泥团，并揉成团状。

3. 中火加热平底锅中的花生油至七成热，将土豆泥团放入锅中，用铲子轻轻压扁，在上面撒上一些香葱花。

4. 煎约 2 分钟，至底部稍硬后翻面，继续煎约 2 分钟至熟即可。

香菇鸡肉粥

原料：

米饭 100 克，鸡脯肉 50 克，鲜香菇 2 朵，花生油适量。

做法：

1. 先将鲜香菇洗净，剁碎；鸡脯肉洗净，剁成泥状。

2. 锅内倒花生油烧热，加入鸡脯肉泥、香菇末翻炒。

3. 把米饭下入锅中翻炒数下，使之均匀地与香菇末、鸡脯肉泥混合。

4. 锅内加水，用大火煮沸，再转小火熬至黏稠即可。

拌海带丝

 原料：

水发海带丝 100 克，姜末适量，酱油、盐、糖、料酒、香油、五香粉各适量。

做法：

1. 将水发海带丝放入盘内，加入酱油、盐、糖、五香粉、姜末、料酒拌匀。
2. 入味后取出，控干水分，再放香油拌匀即可。

黑芝麻糊

 原料：

黑芝麻 200 克，糯米粉 100 克，绵白糖 100 克。

 做法：

1. 黑芝麻淘洗干净，沥净水分，摊平在阴凉干燥的地方晾干。

2. 将晾干的黑芝麻放入炒锅中，用小火慢慢炒熟，炒的时候要勤翻动，以免炒煳，炒到芝麻微微发黄盛出待用。

3. 将糯米粉也倒入炒锅中，用小火慢慢翻炒，炒到糯米粉微微发黄盛出。

4. 将炒好的黑芝麻、糯米粉和绵白糖放入食物料理机中，一起混合搅打成细腻的粉末即可。

5. 吃的时候，将适量磨好的黑芝麻粉末加入沸水中，搅拌成糊状即可。

芹黄拌卤豆腐干

 原料：

芹菜心150克，卤豆腐干3个，盐1克，味精1克，香油5毫升。

 做法：

1.卤豆腐干切成筷子条；芹菜心去叶，淘净，在开水中煮熟捞起，加盐拌过，切成长5厘米的节。

2.将芹菜心、卤豆腐干同盛碗内，加味精、香油拌匀，盛盘内。

萝卜羊肉汤

 原料：

羊腩肉200克，白萝卜300克，香菜1把，盐、鸡精、料酒、葱丝、姜片、胡椒粉、花生油各适量。

 做法：

1.将羊腩肉洗净，切成粗丝；白萝卜洗净，切成块待用。

2.坐锅点火倒入花生油，油热后放入姜片，煸炒出香味后倒入开水，加盐、鸡精、料酒、胡椒粉调味。

3.水烧开后，先放入羊肉丝煮熟，再放入白萝卜块，转小火煮至萝卜断生后出锅，撒上葱丝和香菜即可食用。

红绿豆汤

 原料：

红豆、绿豆各 50 克，陈皮、冰糖适量。

 做法：

1. 将红豆和绿豆浸泡 2 小时，洗净。

2. 将浸泡后的红豆和绿豆放入砂锅中，倒入适量的清水，放入适量的陈皮。

3. 盖锅盖，大火煮开后转小火煲至熟，放入冰糖，煮溶即可。

黑豆莲藕炖鸡

 原料：

老母鸡 1 只，莲藕 250 克，黑豆 100 克，红枣 4 颗，姜 5 克，盐适量。

 做法：

1. 将黑豆放入铁锅中炒至豆衣裂开，再用清水洗净，晾干备用。

2. 将老母鸡宰杀后去毛、内脏及肥油，洗净备用。

3. 莲藕、红枣、姜分别洗净，莲藕切成块，红枣去核，姜刮皮切片。

4. 将黑豆、莲藕、老母鸡、红枣和姜片一同放入锅中，加入适量清水，用大火煮沸后，改用中火炖约 3 小时，加入盐调味即可。

西葫芦炒草菇

🫒 原料：

西葫芦 250 克，草菇 100 克，葱末、蒜末各适量，盐、味精各适量，白糖 5 克，酱油 10 毫升，花生油 20 毫升。

🍴 做法：

1.将西葫芦洗净，去籽，切片；将草菇洗净，切块，用沸水汆烫后捞出。

2.炒锅倒花生油烧热，爆香葱末、蒜末，投入西葫芦片，炒匀；再放入草菇翻炒。

3.加入盐、酱油及白糖炒至入味，加入味精炒几下即可。

玉米面发糕

🫒 原料：

玉米面 500 克，小红枣 150 克，红糖 100 克，酵子 25 克，碱面 5 克。

🍴 做法：

1.小红枣洗净，放入碗内，加水适量，上屉蒸熟，取出晾凉。

2.酵子放入盆内，加水溶开，倒入玉米面，和成较软的面团，发酵，待面团发起，加碱面和红糖搅匀。

3.将屉布浸湿铺好，把面团倒在屉布上，用手蘸水抹平，约 2 厘米厚，将小红枣均匀地摆在上面，用手轻按，上笼用旺火蒸 30 分钟即熟，取出切成厚片即可。

月子餐之第六天

🕐 早餐

玉米面发糕2小块
小米苦瓜粥1碗
牛奶1杯

🕐 早点

菠萝山楂汤适量

🕐 午餐

白米饭1碗
肉末烧茄子1份
海带排骨汤适量

🕐 午点

香菇虾仁蒸蛋

🕐 晚餐

馒头1个
冬瓜鲤鱼汤适量
什锦烧豆腐1份

🕐 晚点

牛奶1杯
全麦面包2片

一日食谱举例

玉米面发糕（制作方法见49页）

小米苦瓜粥

原料：

小米、苦瓜各100克，白糖适量。

做法：

1.小米淘洗干净；苦瓜洗净，去瓤，切丝。

2.砂锅中倒入清水煮沸，放入小米，改用小火煮至粥稠。

3.放入苦瓜丝、白砂糖搅匀，略煮即可。

菠萝山楂汤

原料：

菠萝1个，山楂20克，白糖适量。

做法：

1.菠萝处理干净，用盐水浸泡后捞出洗净，切成片。

2.锅内放入清水，放入白糖、山楂、菠萝片烧沸。

3.转用小火煮半小时即可。

肉末烧茄子

 原料：

紫茄子 400 克，肉末 50 克，香葱少许，蒜 1 瓣，生抽、水淀粉各适量，盐 3 克，花生油适量。

 做法：

1.将紫茄子洗净，切成约 5 厘米长、1 厘米粗的条；蒜切成末，香葱切粒。水淀粉、生抽和盐调成料汁备用。

2.锅中不放油，烧至五成热，下茄条干炒片刻，茄条稍软后起锅备用。

3.就着热锅，倒入花生油，下肉末和少量盐炒散后起锅备用，再倒入适量花生油改大火，放入蒜末煸香，放茄条和肉末翻炒，倒入料汁，放入香葱粒拌匀后，稍焖两分钟即可。

海带排骨汤

 原料：

猪肋排 400 克，海带 150 克，葱段适量，姜 2 片，盐、料酒、香油各适量。

 做法：

1.将海带洗净控水，切成方块；猪肋排洗净，剁成约 4 厘米的段，放入沸水锅中煮一下，捞出用温水清洗干净。

2.净锅内加入清水，放入猪肋排、葱段、姜片、料酒，用旺火烧沸，撇去浮沫，再用中火焖烧约 20 分钟，倒入海带块，再用旺火烧沸 10 分钟，拣去姜片、葱段，加盐调味，淋入香油即成。

香菇虾仁蒸蛋

 原料：

虾仁 5 个，鸡蛋 2 个，鲜香菇 3 个，盐 1 克。

做法：

1.虾仁、鲜香菇分别洗净切成丁备用。

2.把鸡蛋清和鸡蛋黄分离，取鸡蛋黄加入少量水和盐搅拌均匀，然后放入切好的虾仁丁，搅拌后再放入鲜香菇丁。

3.放入上气的蒸锅中大火蒸 10 分钟后，改小火蒸 5 分钟即可。

冬瓜鲤鱼汤

 原料：

鲤鱼 1 条，冬瓜 150 克，青菜（小油菜或菠菜）50 克，枸杞少许，生姜和盐各适量。

 做法：

1.鲤鱼剖洗干净，切块；冬瓜洗净，切成片状；青菜洗净切碎；生姜洗净拍松。

2.锅置火上，加入适量清水烧开，放入鲤鱼和拍松的生姜。

3.烧开后撇去浮沫，放入冬瓜片，用中火续烧 10 分钟。

4.取出生姜块，放入盐，放入青菜同煮 2 分钟后即可，装碗时加枸杞点缀。

什锦烧豆腐

 原料：

豆腐 200 克，鸡肉 50 克，瘦猪肉 25 克，火腿 25 克，冬菇 25 克，葱、姜末均 2.5 克，酱油 10 毫升，料酒 25 毫升，淀粉 5 克，高汤、盐、花生油各适量。

做法：

1.将豆腐清洗干净，切成方块。

2.把泡好的冬菇切成小片；鸡肉、火腿、瘦猪肉分别切成片。

3.锅置火上，下花生油烧热，放入姜末，炒后立即放入豆腐块和切好的鸡肉片、猪肉片、火腿片、冬菇片等，并倒入料酒和酱油炒匀，加入高汤，等烧沸后倒进砂锅，移在文火上煮 10 分钟左右，撒上盐、味精调味即可食用。

月子餐之第七天

早餐

丝瓜香菇汤适量
肉丝蛋炒饭 1 碗
酸奶 1 小杯

早点

酸奶果蔬沙拉适量

午餐

凉拌苋菜 1 份
五谷杂粮饭 1 碗
猪蹄豆腐炖香菇
适量

午点

黑芝麻糊 1 小份

晚餐

馒头 1 个
油焖冬笋 1 份
山药粥 1 碗

晚点

牛奶 1 杯
全麦面包 2 片

一日食谱举例

食谱精心制作

丝瓜香菇汤

 原料：

丝瓜 250 克，香菇 100 克，葱、姜、味精、盐各适量，花生油少许。

 做法：

1.将丝瓜洗净，去皮，去瓤，再切成段；香菇用凉水发后，洗净；葱、姜切细末。

2.锅中放入花生油烧热，将香菇略炒，加清水适量煮沸 3 ～ 5 分钟，入丝瓜段稍煮，加葱、姜、盐、味精调味即成。

肉丝蛋炒饭

 原料：

米饭 300 克，五花肉丝 80 克，鸡蛋 2 个，葱 2 根，盐、酱油、淀粉、花生油、鸡精、白胡椒粉各适量，蛋清少许。

 做法：

1.五花肉丝加酱油、白胡椒粉、淀粉、花生油、蛋清拌腌约 10 分钟；鸡蛋打散；葱切花。

2.锅中加花生油 1 大匙，烧热，先放入五花肉丝，快速炒散，再放入蛋汁，炒散至半熟。

3.放入米饭及盐、鸡粉、白胡椒粉，拌炒均匀后，撒上葱花，拌一下即可。

酸奶果蔬沙拉

原料：

番茄 1/3 个，香蕉半根，猕猴桃半个，酸奶 1 小杯。

做法：

1.番茄在沸水中烫一下，去皮切成小丁；香蕉和猕猴桃去皮后切成小丁。

2.把三种食材混合均匀，表面淋上适量酸奶即可。

凉拌苋菜

原料：

苋菜 300 克，芝麻少许，蒜 4 瓣，生抽、香油适量，盐 2 克。

做法：

1.将苋菜洗净，切段，入开水中焯烫后捞出过凉水；蒜切末。

2.苋菜装盘，加蒜末、生抽、盐、香油拌匀，撒少许芝麻即可。

五谷杂粮饭

 原料：

香米 60 克，小米 60 克，薏米 60 克，黑糯米 60 克，大麦 30 克，玉米粒 30 克，胡麻油、醪糟水适量。

 做法：

1.全部杂粮混合洗净，用醪糟水浸泡 8 小时（夏天多换几次醪糟水）。

2.全部杂粮放入电饭锅内，加一匙胡麻油，再依个人习惯注入醪糟水（通常是 1:1 量）；加热至电饭锅开关跳起后，再焖半小时即成。

3.若一次吃不完，可用食品袋装后放入冰箱保存，待食用时用微波炉加热即可。亦可用醪糟水煮成稀饭。

猪蹄豆腐炖香菇

原料：

猪蹄 1 个，豆腐 200 克，鲜香菇 50 克，姜 1 片，葱 2 段，盐 1 小匙，鸡精少许。

做法：

1.将猪蹄洗净，剁成小块；豆腐放入盐水中浸泡 10 ~ 15 分钟，用清水洗净，切成小块；鲜香菇切去菌柄，洗净，备用；姜洗净，切丝。

2.锅置火上，加入 2500 毫升清水，再放入猪蹄块，先用大火烧开，再转小火煮至肉烂。

3.加入鲜香菇、豆腐块、姜丝、葱段、盐、鸡精，稍煮几分钟即可。

黑芝麻糊

（制作方法见 46 页）

油焖冬笋

原料：

冬笋 3 根，香葱 1 根，姜 2 片，白糖、料酒、老抽、生抽、花生油各适量。

做法：

1.冬笋剥去笋衣、老根，洗净，切成滚刀块；香葱洗净，切成葱花。

2.笋块放入开水中焯煮 2 分钟，以去除笋的苦涩味道。

3.炒锅内加花生油，大火烧至七成热，放入姜片爆香，倒入笋块煸炒至表面微焦，调入料酒、老抽、生抽和白糖翻炒几下，盖上锅盖转中小火焖 5 分钟。

4.打开锅盖，大火翻炒收汁，出锅前撒入香葱花即可。

山药粥

原料：

山药 150 克，糯米 150 克，枸杞 10 克。

做法：

1. 山药洗净去皮，切成块状；糯米淘洗干净；枸杞洗净。

2. 用糯米煮粥，半熟时放入山药块、枸杞，粥熟即可食用。

第二周 收缩内脏周

 月子餐之第八天

🕐 早餐

荀蒿鸡蛋煎饼1个
虾皮青菜肉末粥
1碗
牛奶1杯

🕐 早点

应季水果1份

🕐 午餐

红豆饭1碗
凉拌圆白菜1份
番茄鸡肝汤适量

🕐 午点

冰糖红枣银耳羹1
碗

🕐 晚餐

黑芝麻馒头1个
椒香青笋肉片1份
香菇土鸡煲1份

🕐 晚点

牛奶1杯
全麦面包2片

一日食谱举例

茼蒿鸡蛋煎饼

 原料：

茼蒿100克，鸡蛋2个，面粉60克，盐、料酒、鸡精各适量，花生油适量。

做法：

1.将茼蒿洗净，切碎，待用。

2.将鸡蛋打入面粉中，加料酒、盐、鸡精和适量的水，加入茼蒿拌匀，成茼蒿面糊。

3.取平底锅置火上，倒入少许花生油烧热，再倒入面糊，用中小火煎成两面金黄即可。

虾皮青菜肉末粥

原料：

肉末100克，大米、小油菜各50克，虾皮15克，葱花5克，酱油、花生油适量。

 做法：

1.将虾皮用温水泡过，洗净，切碎；小油菜洗净，切成丝。

2.锅内放适量花生油，下肉末煸炒，再放虾皮、葱花、酱油炒匀，添入适量水烧开。

3.放入大米，煮至熟烂，再放油菜丝，煮片刻即成。

红豆饭

原料：

粳米 1 杯，红豆 100 克，糖少许。

做法：

1. 将红豆洗净，加清水浸泡 2 小时左右。

2. 将粳米洗净，放入沥干的红豆，加糖搅匀，入锅蒸熟即可。

凉拌圆白菜

原料：

圆白菜 200 克，黄瓜 1 根，盐、香油各适量。

做法：

1. 将圆白菜洗净，切成细丝，用开水烫一下，过凉水后控干；黄瓜洗净，切成细丝。

2. 将圆白菜丝、黄瓜丝放入盘内，加入香油、盐，拌匀即可。

番茄鸡肝汤

 原料：

鸡肝 5 副，番茄 400 克，鸡蛋清 1 个，盐 10 克，味精 1 克，胡椒面 1.5 克，干淀粉 50 克，酱油 10 毫升，料酒 15 毫升，高汤 1000 毫升。

做法：

1.番茄用开水烫过，去皮，去瓤，一分为二，切成厚 0.3 厘米的片；鸡蛋清加干淀粉调成蛋清糊。

2.鸡肝去胆，洗净，一副片成 3~4 片，盛碗内加盐 1.5 克，料酒 5 毫升，蛋清糊拌匀。

3.锅内倒入高汤烧开，放番茄片、盐、酱油、料酒、胡椒面煮几分钟，放入鸡肝片滑散，汤再开时，加味精起锅。

冰糖红枣银耳羹

原料:

红枣 10 颗，银耳 20 克，冰糖适量。

做法:

1.银耳与红枣分别用温水浸泡 30 分钟，银耳去蒂，撕成小朵。

2.锅中加水，倒入银耳，为防止银耳粘锅，同时放入一把金属调羹，盖锅，大火煮。

3.锅开一滚后，银耳开始发白，此时加入红枣，继续大火煮 10 分钟，然后再转入文火炖 30 分钟。

4.加入冰糖适量，搅拌均匀后，捞起锅中的调羹，即可食用。

黑芝麻馒头

原料:

面粉 250 克，酵母 5 克，熟黑芝麻 30 克。

做法:

1.熟黑芝麻放入搅拌机中打成细粉。

2.酵母和适量水混合均匀。面粉和熟黑芝麻粉放入盆中，加入酵母水，揉成光滑柔软的面团，盖上盖子，发酵至原体积 2 倍大。

3.取出发酵面团充分揉匀排除气泡，切成 5 等份，揉圆成馒头生坯，放入铺有干净纱布的笼屉中，盖好盖子，醒发 20 分钟。

4.蒸锅加水烧开，放入笼屉，大火蒸 10 ～ 12 分钟。

椒香青笋肉片

 原料：

　　猪肉、青笋各 150 克，姜片、蒜片各 10 克，泡辣椒段 20 克，盐、胡椒粉各 1 克，水淀粉 15 毫升，料酒 5 毫升，香油、鲜汤、色拉油适量。

 做法：

　　1.将猪肉洗净，切成片，放入用盐、料酒、水淀粉调成的味汁拌匀；青笋洗净，切菱形片。

　　2.将锅中倒入色拉油，置火上烧热，放入蒜片、姜片及泡辣椒段炒香，再加入腌好的猪肉片、鲜汤，炒至将熟，放入青笋片、香油、胡椒粉炒熟，收汁即可。

香菇土鸡煲

 原料：

　　土鸡肉 300 克，香菇 100 克，火腿 50 克，姜、盐、香油各适量。

 做法：

　　1.土鸡肉洗净切块，汆烫后捞出。

　　2.香菇洗净，去蒂泡软后切片；火腿洗净切片；姜去皮切片。

　　3.将以上材料放入锅中，加入适量水煮滚，改小火煮至熟软，下盐调味，出锅时滴些香油即可。

月子餐之第九天

🕐 早餐

黑芝麻馒头1个
玫瑰双米粥1碗

🕐 早点

鹌鹑蛋奶1份

🕐 午餐

白米饭1碗
黄瓜肉丝1份
玉米排骨汤适量

🕐 午点

红小豆煲南瓜
应季水果1份

🕐 晚餐

馒头1个
平菇炒肉片1份
萝卜丝鲫鱼汤适量

🕐 晚点

酸奶1小杯
全麦面包2片

一日食谱举例

黑芝麻馒头（制作方法见64页）

玫瑰双米粥

原料：

小米 50 克，大米 100 克，玫瑰花瓣少许，枸杞 10 克，白糖 1 大匙。

做法：

1.小米、大米、玫瑰花瓣洗净；枸杞用温水洗干净。

2.取砂锅一个，注入适量清水，置于炉火上，用中火烧开。

3.下入小米、大米，改小火煲约 30 分钟。

4.加入玫瑰花瓣、枸杞、白糖，继续煲 10 分钟至熟透，即可食用。

鹌鹑蛋奶

原料：

鹌鹑蛋 4 个，鲜牛奶 300 毫升，白糖适量。

做法：

鹌鹑蛋去壳，加入煮沸的牛奶中，煮至蛋刚熟时，离火，加入适量白糖调味即可。

黄瓜肉丝

 原料：

猪瘦肉300克，黄瓜1根，姜末、大蒜末各2克，盐3克，干淀粉5克，老抽5毫升，料酒10毫升，花生油适量。

做法：

1.猪瘦肉洗干净，沥去水分，切成3厘米长的肉丝，加入干淀粉和料酒抓拌均匀上浆；黄瓜洗干净，切成细丝。

2.炒锅中下花生油大火烧热至七成热，迅速放入上过浆的肉丝滑炒，边滑炒边加入姜末、大蒜末、老抽和盐，至肉丝滑熟，盛出。

3.将炒好的肉丝和黄瓜丝一起拌匀即可。

玉米排骨汤

 原料：

猪排骨200克，玉米1根，葱白2段，姜2片，料酒10毫升，盐适量。

做法：

1.将猪排骨剁成块状，投入沸水中氽烫一下捞出；玉米去皮和须，洗净，切成小段。

2.将砂锅置于火上，放入适量清水，倒入猪排骨、料酒，放入葱、姜，先用大火煮开后，转小火煲30分钟。

3.放入玉米，一同煲10～15分钟。拣去姜、葱，加入盐调味即可。

红小豆煲南瓜

 原料：

红小豆 100 克，老南瓜 100 克，冰糖适量。

 做法：

1.红小豆洗净，加水浸泡半天，倒入炖盅，放入高压锅中，煮至鸣响，停火放凉，取出备用。

2.老南瓜洗干净，切成小块。

3.红小豆、南瓜块倒入砂锅中，加水足量，先用大火烧沸，再用小火煲 1 小时，加冰糖调味，作点心食用。

平菇炒肉片

 原料：

平菇 200 克，猪瘦肉 50 克，香葱 2 根，盐、淀粉各 5 克，生抽、料酒各 10 毫升，花生油适量。

做法：

1. 将平菇洗干净沥水，撕成小块；香葱洗净，切末；猪瘦肉洗干净，切片。

2. 将肉片放入碗中，加入少许盐、料酒、生抽、淀粉和匀，腌制 15 分钟左右。

3. 锅热注入花生油，倒入肉片，滑散至肉片变色，立刻捞起备用。

4. 炒锅留底油，倒入平菇块翻炒至变软出水，加入剩余的盐炒匀，再倒入滑好的肉片一起翻炒 1 分钟左右，最后撒上葱花即可。

萝卜丝鲫鱼汤

 原料：

鲫鱼 2 条，萝卜 400 克，姜片 10 克，葱段 15 克，盐 4 克，胡椒粉、味精各 1 克，料酒 15 毫升，花生油适量。

做法：

1.鲫鱼治净后洗净；萝卜去皮，切成粗丝。

2.锅中放花生油烧至 180℃，放入鲫鱼煎至两面紧皮、变香，加清水烧沸，去掉浮沫，放入姜片、葱段、胡椒粉、料酒、萝卜丝，煮至汤呈乳白色、萝卜丝软熟时，放入盐、味精调味，捞出姜片、葱段，装碗成菜。

月子餐之第十天

 早餐

菠菜猪血汤适量
金瓜虾仁炒饭 1 份
酸奶 1 小杯

 早点

核桃山楂汤适量

 午餐

醋熘白菜 1 份
黑豆炖猪蹄 1 份
红豆饭 1 碗

 午点

银鱼蒸蛋 1 份
应季水果 1 份

 晚餐

馒头 1 个
丝瓜虾米蛋汤 1 份
小炒豆腐 1 份

 晚点

牛奶 1 杯
全麦面包 2 片

一日食谱举例

菠菜猪血汤

 原料：

猪血1条，菠菜250克，葱1根，盐、香油、花生油各适量。

 做法：

1.猪血洗净，切块；葱洗净，葱绿切段，葱白切丝；菠菜洗净，切段。

2.锅置火上，放少许花生油烧热，放入葱段爆香，倒入清水煮开。

3.放入猪血、菠菜，煮至水滚，加盐调味，熄火后淋少许香油，撒上葱白丝即可。

金瓜虾仁炒饭

 原料：

米饭300克，金瓜150克，虾仁100克，葱1根，盐2克，鸡精1克，白胡椒粉少许，花生油适量。

做法：

1.金瓜去皮，切丁；虾仁洗净，去沙线；葱切花。

2.锅中加花生油1大匙，烧热，先放入金瓜丁，拌炒至微软后，加入虾仁，略拌炒。

3.加入米饭，炒至松散后，加盐、鸡精、白胡椒粉及葱花,拌炒均匀即可。

核桃山楂汤

原料:

核桃仁50克,干山楂少许,白糖适量。

做法:

1.将核桃仁、干山楂用水浸泡至软化,用搅拌机打碎,再加适量水,过滤去渣。

2.将滤液煮沸,加入白糖调味即可。

醋熘白菜

原料:

白菜500克,盐2.5克,水淀粉50毫升,酱油、醋、花生油、高汤适量。

做法:

1.白菜除去老叶及梗,洗后切成4厘米见方的片,加盐1克和匀,腌约1分钟。

2.碗中放入酱油、盐1.5克、醋、水淀粉等调成滋汁。

3.炒锅置旺火上烧热,下花生油烧至七成热时,下白菜片炒熟;加适量高汤,烹下滋汁,将汁收浓起锅。

黑豆炖猪蹄

 原料：

猪蹄 1 个，黑豆 100 克，姜 2 片，酱油 15 毫升，盐适量。

做法：

1. 将黑豆洗净浸泡 5 小时；猪蹄洗净剁块。

2. 将猪蹄块与黑豆、姜片放入高压锅中，加水、盐、酱油。

3. 大火煮沸后，转小火煮半小时即可。

红豆饭（制作方法见 62 页）

银鱼蒸蛋

 原料：

鸡蛋 1 个，银鱼 50 克，胡萝卜 15 克。

做法：

1. 将胡萝卜洗净，去皮，切成极小的丁，放入开水锅中煮软。

2. 将银鱼洗干净，沥干水，去除皮、骨，剁成碎末待用。

3. 将鸡蛋打到碗里，用筷子搅散。

4. 将银鱼末放到鸡蛋里，搅拌均匀，放到蒸锅里用小火蒸 10 分钟左右，加入胡萝卜丁拌匀即可。

丝瓜虾米蛋汤

 原料：

丝瓜1根，虾米10克，鸡蛋2个，香菇少许，葱花5克，香油、盐各3克，花生油适量。

 做法：

1. 将丝瓜刮去外皮，切成菱形块；鸡蛋加盐打匀；虾米用温水泡软；香菇切块。

2. 锅中放入花生油，小火烧热，倒入蛋液，摊成两面金黄的鸡蛋饼，盛出，切成小块待用。

3. 油锅烧热，加入葱花炒香，放入丝瓜块炒软，加入适量开水，下虾米、香菇块烧沸，煮5分钟。

4. 下鸡蛋块煮3分钟，这时汤汁变白，放入盐和香油即可出锅。

小炒豆腐

 原料：

韧豆腐300克，猪肉（半肥半瘦）100克，青蒜60克，豆豉10克，姜10克，盐3克，花生油、生抽、老抽、料酒各适量。

 做法：

1. 将韧豆腐切成长约5厘米、宽2.5厘米、厚1厘米的片，下油锅煎至两面金黄，起锅沥干油备用。

2. 将猪肉切成薄片；青蒜用刀轻轻拍撒后切成小段；姜切丝。

3. 锅中放花生油，下肉片煸炒至干后，放入豆豉翻炒片刻，加入少许清水煮开，放入豆腐片，调入料酒、生抽、老抽、盐，大火煮至汤快收干后，放入青蒜段拌匀即可。

月子餐之第十一天

🕐 **早餐**

馒头1个
番茄炒蛋1份
牛奶燕麦大枣粥
1碗

🕐 **早点**

红枣莲子木瓜盅
适量

🕐 **午餐**

荠菜猪肉水饺

🕐 **午点**

银鱼面1小碗

🕐 **晚餐**

馒头1个
素炒土豆丝1份
麻酱腰片1份

🕐 **晚点**

牛奶1杯
苏打饼干4块
腰果5粒

一日食谱举例

番茄炒蛋

 原料：

鸡蛋3个，番茄200克，盐2克，水淀粉50毫升，花生油适量。

做法：

1.番茄洗净后放于碗中，倒入开水加盖约烫3分钟；番茄撕去皮，用刀去蒂，对剖切片。

2.鸡蛋打于另一碗中，加盐、水淀粉，用筷子充分搅打均匀。

3.炒锅置中火上，放花生油，烧至五成热时，将碗内鸡蛋倒入油中，鸡蛋膨胀后用铲炒散、炒碎，随即铲至锅边；用余油将番茄炒一下，再与鸡蛋一同炒匀，起锅即成。

牛奶燕麦大枣粥

 原料：

燕麦 50 克，牛奶 200 毫升，红枣 5 颗，冰糖 4 块。

做法：

1.燕麦洗净，沥干后备用；红枣洗净。

2.煲内放入燕麦，加入 200 毫升水，大火烧开后转小火熬制 20 分钟。

3.至燕麦软烂浓稠时熄火，用漏勺捞出燕麦，沥干。

4.煲洗净，放入煮过的燕麦，加入牛奶、冰糖和红枣，小火煲至牛奶烧开，燕麦粥浓稠即成。

红枣莲子木瓜盅

 原料：

木瓜 1 个，红枣 10 颗，莲子 15 粒，蜂蜜、冰糖各适量。

 做法：

1.将红枣、莲子分别洗净；木瓜切开去籽，洗净，切片。

2.将红枣、莲子和木瓜片放入锅中，加入适量清水和冰糖，煮熟。

3.加入蜂蜜调味即可。

荠菜猪肉水饺

 原料：

面粉 500 克，鸡蛋清 1 个，猪肉 250 克，荠菜 100 克，姜末 3 克，葱末 10 克，盐 5 克，酱油、蚝油、香油各适量。

 做法：

1.面粉加入冷水和鸡蛋清揉成光滑面团，覆盖保鲜膜醒 20 分钟。

2.将猪肉切丁，加入葱姜末拌匀，倒入酱油和蚝油拌匀，静置 15 分钟。

3.将荠菜焯水后切碎，倒入香油，倒入处理过的肉丁，加入盐拌匀。

4.醒好的面做成剂子，擀成饺子皮，逐个饺子皮包入适量馅料。

5.锅里加水煮沸，下入饺子煮熟即可。

银鱼面

 原料：

挂面 1000 克，菠菜 60 克，鸡蛋 1 个，小银鱼 15 克，盐适量。

 做法：

1.将菠菜清洗干净，放入沸水中焯一下，取出沥干水分，再切成长段；小银鱼用水清洗干净；鸡蛋磕入碗中，打散，备用。

2.锅中加入水，待水烧开后将挂面、菠菜段和小银鱼一同放入锅中，中火煮沸后，继续煮 3 分钟至面条成熟。

3.将蛋液缓缓倒入沸腾的锅中，稍煮即可。

素炒土豆丝

原料：

土豆 300 克，盐 2 克，白醋、蒜末各 1 茶匙，花生油适量。

做法：

1.将土豆洗净，去皮，切成丝，放入水中加入白醋泡 15 分钟，沥干水分，备用。

2.将锅置火上，放入花生油烧至七成热，将土豆丝放入锅中，大火翻炒 3 分钟，加入盐、蒜末搅拌均匀即可。

麻酱腰片

原料：

猪腰 500 克，香菜 25 克，蒜末 5 克，盐 3 克，酱油、腐乳汁、米醋、芝麻油各 10 毫升，芝麻酱 25 克，鸡汤适量。

做法：

1.猪腰去掉外膜，顺长片成两半，剔除腰臊，再斜刀片成薄片，放入沸水锅内焯熟，捞出沥干水分，整齐地码在盘内；香菜去根，洗净后切成小段。

2.将芝麻酱放在碗内，用鸡汤熘开，再放蒜末、酱油、盐、腐乳汁、米醋和芝麻油拌匀成味汁，淋在猪腰片上，撒上香菜段，食时拌匀即成。

月子餐之第十二天

🕐 **早餐**

鹌鹑蛋菜心粥1碗
藕丝面饼1个

🕐 **早点**

酸奶拌水果

🕐 **午餐**

奶香枣杞糯米饭
1碗
茼蒿炒豆腐1份
冬瓜丸子粉丝汤
适量

🕐 **午点**

黑芝麻糊

🕐 **晚餐**

豆沙花卷1个
蚝油杏鲍菇1份
冬笋三黄鸡1份

🕐 **晚点**

牛奶1杯
苏打饼干4块

一日食谱举例

82

鹌鹑蛋菜心粥

原料：

大米 150 克，猪肉馅 25 克，鹌鹑蛋 4 个，油菜 2 棵，葱末、姜末各适量，盐、味精各少许，高汤、料酒、香油各适量。

做法：

1.鹌鹑蛋煮熟，去壳，洗净；猪肉馅入油锅翻炒，加入料酒、香油翻炒至熟，备用；油菜洗净，入沸水中氽烫，捞出备用；大米洗净，用冷水浸泡半小时，沥干水分，备用。

2.将大米入锅中，加入冷水，大火烧沸，加入鹌鹑蛋、猪肉馅和高汤，改小火慢熬 45 分钟，加入盐、味精拌匀，放入油菜，撒上葱、姜末即可。

藕丝面饼

原料：

藕 200 克，糯米粉 100 克，盐、花生油各适量。

做法：

1.藕洗净去皮，擦成细丝，用水漂洗干净，捞出沥干水分。

2.糯米粉、盐与藕丝混合，搅拌均匀成较稠的糊状。

3.平底锅加入少许花生油，中火加热至六成热，用勺子舀起一勺糯米藕丝糊放入锅中，用勺背稍微压平，并整理成圆饼状。

4.中小火煎至两面金黄色,盛出。逐一将所有面糊煎成小饼即可。

酸奶拌水果

原料：

酸奶200毫升，香蕉、火龙果各适量。

做法：

将香蕉、火龙果分别去皮，切成小块，放入杯或小碗里，倒入酸奶拌匀即可。

奶香枣杞糯米饭

原料：

糯米200克，鲜牛奶1杯，大枣6颗，白糖、花生油适量。

做法：

1.大枣洗净泡软去核。

2.糯米淘洗干净，用清水浸泡6小时，捞出沥净水。

3.不锈钢盆内抹上少许食用油，放入大枣和泡好的糯米，加入鲜牛奶、白糖和油。

4.上屉大火蒸约1小时，取出，翻扣入盘中即成。

茼蒿炒豆腐

 原料：

豆腐 200 克，茼蒿 100 克，葱、姜、蒜末各 5 克，盐 2 克，鸡精、胡椒粉各 2 克，花生油、香油、高汤各适量。

 做法：

1.茼蒿洗净，切成小段，入沸水锅中汆烫 1 分钟左右捞出，沥干水分备用；豆腐切成 0.5 厘米见方的块，用沸水汆烫一下捞出，沥干水分。

2.锅内加入花生油烧热，将豆腐块倒入锅中，小火煎至表皮稍硬。

3.另起锅加花生油烧热，加入葱、姜、蒜末炒香，放入豆腐块、鸡精、胡椒粉、高汤，烧至入味。

4.入茼蒿段，翻炒均匀，淋入香油即可。

冬瓜丸子粉丝汤

 原料：

猪肉馅 150 克，冬瓜 150 克，粉丝 50 克，鸡蛋清 1 个，香菜、姜末各适量，姜片 2 片，盐、料酒、香油各适量。

 做法：

1.冬瓜削去绿皮，切成厚 0.5 厘米的薄片；猪肉馅放入大碗中，加入鸡蛋清、姜末、料酒、少许盐搅拌均匀；粉丝用温水泡软，备用。

2.锅内加水烧开，放入姜片，调为小火，把肉末挤成均匀的肉丸，随挤随放入锅中，待肉丸变色发紧时，用汤勺轻轻推动，使之不粘连。

3.丸子全部挤入锅中后，开大火将汤烧滚，放入冬瓜片煮至熟，加入泡软的粉丝稍煮片刻，放盐调味，最后放入香菜，滴入香油即可。

黑芝麻糊

（制作方法见 46 页）

豆沙花卷

原料：

发酵面 1000 克，豆沙 300 克，碱水、花生油各适量。

做法：

1. 在面板上撒上干面粉，放上发酵面，加适量碱水，揉匀揉透，直至面团细匀光滑时，搓成条，按扁。

2. 撒上一层干面粉，擀成 0.6 厘米厚的长方形薄面皮，刷上一层花生油，抹上一层豆沙，从外向内卷成直径 5 厘米的长条卷。

3. 将长面卷用刀横切成 15 块，逐块用筷子在面坯上顺着刀切的方向重压一下，使面卷两边翻起，稍拉长将两头翻压下面，用筷子再压一下，使卷纹清晰可见。

4. 蒸锅内加入清水，大火烧开，在蒸笼格上刷上一层花生油，然后把花卷生坯摆上，加盖盖严，用旺火蒸 10 分钟左右即成。

蚝油杏鲍菇

原料：

杏鲍菇200克，葱2根，盐2克，白糖2克，花生油、蚝油、酱油各适量。

做法：

1.杏鲍菇洗净，切片；葱切成末。

2.将酱油、盐、白糖、蚝油、少许清水混合搅匀。

3.锅置火上，倒入花生油大火烧至五成热，下葱花爆香，放入杏鲍菇片翻炒，至杏鲍菇的水分析出、变微黄时加入调好的混合汁，翻炒入味即可。

冬笋三黄鸡

原料：

三黄鸡300克，鲜冬笋100克，姜片、葱段各5克，装饰菜叶少许，盐2克，味精1克，水淀粉10毫升，花生油、鸡汤、鸡油各适量。

做法：

1.鲜冬笋洗净，切片，氽烫熟后备用；三黄鸡洗净切片，氽烫后备用。

2.锅中倒入花生油烧热，加入姜片、葱段略炒，然后下鸡汤、鸡片、冬笋片，调入盐、味精，待肉熟后淋少许水淀粉收汁，加少许鸡油，用装饰菜叶点缀即可。

月子每天怎么吃

月子餐之第十三天

早餐

豆沙花卷1个
番茄银耳小米粥1碗
酸奶1小杯

早点

香蕉奶

午餐

白米饭1个
番茄鲜蘑排骨汤适量
虾皮炒西葫芦1份

午点

肉末海带面1份

晚餐

馒头1个
芝麻豆腐1份
干烧小黄鱼1份

晚点

牛奶1杯
全麦面包2片

一日食谱举例

豆沙花卷（制作方法见 86 页）

番茄银耳小米粥

原料：

小米 100 克，番茄 100 克，银耳 10 克，水淀粉、冰糖各适量。

做法：

1. 将小米放入冷水中浸泡 1 小时，备用。

2. 番茄洗净，切成小片；银耳用温水泡发，除去黄色部分后切成小片，备用。

3. 将银耳片放入锅中加水烧开后，转小火炖烂，加入番茄片、小米一并烧煮，待小米煮稠后加入冰糖，淋上水淀粉勾芡即成。

香蕉奶

原料：

牛奶 1 杯，香蕉半根，橙子半个，白糖适量。

做法：

1. 将牛奶加热，备用。

2. 将香蕉、橙子去皮，与白糖一起放入搅拌机里搅拌，待搅拌至黏稠时，立即将热牛奶冲入，再搅拌几秒钟。

3. 将奶汁倒入碗内，放至温热即可。

番茄鲜蘑排骨汤

 原料：

排骨 300 克，鲜蘑 50 克，番茄 1 个，盐、黄酒各适量。

做法：

1.将排骨洗净，用刀背拍松，再敲断骨髓，切成 1.5 厘米长的小段，放入碗中，加黄酒、盐腌 15 分钟。

2.将鲜蘑洗净去根，切成小块，用沸水焯一下，断生即可，过凉后沥干水分备用。

3.番茄洗净，用沸水焯一下，剥皮后切成小块。

4.锅内加入适量清水烧沸，放入排骨段、黄酒稍煮一会儿，撇去浮沫，将排骨煮至熟烂，加入鲜蘑块、番茄块，再煮至熟烂，加盐即可。

虾皮炒西葫芦

原料：

西葫芦1个，虾皮20克，葱1根，盐3克、花生油适量。

做法：

1.虾皮浸泡片刻，洗净后沥干水分备用；西葫芦洗净纵剖成两半，挖去瓜籽，顶刀切成0.3厘米厚的薄片；葱切成葱花。

2.炒锅中加入花生油，中火加热至四成热，放入虾皮和葱花煸炒出香味，然后放入西葫芦片快速翻炒，待西葫芦片边缘略透明，调入盐，翻炒均匀即可。

肉末海带面

原料：

细面条100克，瘦猪肉50克，泡发海带50克，鸡蛋1个，香油少许。

做法：

1.泡发海带洗净，切成碎末；鸡蛋打散搅匀；瘦猪肉洗净，切碎末。

2.水烧开，把细面条掰成小段下入锅中，加入海带末、瘦猪肉末，小火煮熟。

3.在锅中淋入鸡蛋液，待鸡蛋液熟后，淋上几滴香油即可。

芝麻豆腐

原料：

嫩豆腐300克，牛肉、蒜苗各100克，芝麻15克，盐、花生油、水淀粉各适量，酱油20毫升，鲜汤200毫升。

做法：

1. 嫩豆腐切成1厘米见方的小丁，下开水锅中略焯；牛肉剁成末；蒜苗切成小段。

2. 炒锅下花生油烧热，下牛肉末炒散，至颜色发黄时，加盐、酱油同炒，依次下入鲜汤、豆腐块、蒜苗段，用湿淀粉勾芡，浇少许熟油，出锅装盘，撒上芝麻即成。

干烧小黄鱼

原料：

小黄鱼500克，猪五花肉75克，春笋50克，泡红辣椒10克，葱段10克，姜片、蒜片各5克，味精2克，料酒30毫升，酱油20毫升，豆瓣酱、白糖、米醋各10毫升，花生油500毫升（约耗75毫升）。

做法：

1. 小黄鱼去鳞、鳃和内脏，洗净，在两侧剞一字斜刀，加料酒和酱油腌渍备用；猪五花肉切成小丁；春笋洗净，切片。

2. 将小黄鱼下入油锅炸至两面呈金黄色，倒入漏勺内沥油。

3. 原锅留少许底油烧热，放入猪肉丁炒至吐油，加葱段、姜片、蒜片、豆瓣酱和泡红辣椒炒出香辣味，放料酒、酱油、白糖、米醋和适量清水烧沸。

4. 下入小黄鱼和春笋片，小火烧约15分钟，加味精，旺火烧至汁干油亮且鱼肉入味即成。

月子餐之第十四天

⏰ 早餐

金银蛋炒饭1碗
虾米萝卜紫菜汤适
量

⏰ 早点

麦片水果粥1碗
应季水果1份

⏰ 午餐

奶香枣杞糯米饭
1碗
豆芽香芹1份
花生仁蹄花汤适量

⏰ 午点

黑芝麻汤圆

⏰ 晚餐

馒头1个
牛腩炖土豆1份
牡蛎平菇汤适量

⏰ 晚点

牛奶1杯
全麦面包2片

金银蛋炒饭

 原料：

　　米饭 300 克，鸡蛋、皮蛋各 1 个，咸蛋半个，葱 1 根，盐、鸡粉、白胡椒粉各少许，花生油适量。

做法：

　　1.皮蛋先入沸水锅中煮 3 分钟，取出，切小丁；咸蛋切小丁；鸡蛋打散；葱切花。

　　2.锅中加入花生油烧热，先拌炒鸡蛋，再混合皮蛋丁与咸蛋丁。

　　3.将饭入锅拌炒，加入调味料调味，再加入葱花炒匀即可。

虾米萝卜紫菜汤

 原料：

白萝卜 150 克，紫菜 50 克，虾米 2 大匙，葱、姜、料酒、香油、盐、鸡精、花生油各适量。

做法：

1. 白萝卜洗净，切丝；葱、姜洗净，切碎；虾米泡软。

2. 锅置火上，放花生油烧热，放入葱、姜爆香，放入虾米，加料酒和水煮开。

3. 滚沸后放入萝卜煮熟，最后加上紫菜煮散，调入盐、鸡精，淋上香油即可。

麦片水果粥

原料：

干麦片 100 克，牛奶 50 毫升，水果（如香蕉、苹果等）50 克，白糖少许。

做法：

1. 将干麦片用清水泡软；水果洗净，切碎。

2. 将泡好的麦片连水倒入锅内，置火上，烧开，煮 2 ~ 3 分钟后，加入牛奶，再煮 5 ~ 6 分钟。

3. 等麦片酥烂、稀稠适度时，加入切碎的水果稍煮一下，再加入白糖调味即可。

奶香枣杞糯米饭（制作方法见84页）

豆芽香芹

🫒 **原料：**

绿豆芽150克，香芹100克，盐、味精各适量，醋、白糖各5克。

🍴 **做法：**

1.绿豆芽择洗干净，掐去两头，留中间白梗待用。

2.香芹去掉老叶，洗净，切成寸段。

3.把香芹、绿豆芽焯熟后过冷水，然后加入白糖、醋、盐、味精拌匀即可。

花生仁蹄花汤

🫒 **原料：**

猪蹄500克，花生仁100克，姜15克，葱5克，盐4克，味精0.5克，胡椒面0.5克。

🍴 **做法：**

1.将猪蹄用镊子夹净毛，燎焦皮，浸泡后刮洗干净，对剖后砍成3.5厘米见方的小块；花生仁在温水中浸泡后去皮；葱切葱花；姜拍破。

2.大铝锅（或砂锅）置旺火上，倒入清水，下猪蹄，烧沸后撇尽浮沫，放入花生仁、姜。

3.猪蹄半熟时，改用小火，加盐继续煨炖。待猪蹄炖软烂后，起锅盛入汤钵，撒上胡椒面、味精、葱花即可上桌。

牛腩炖土豆

 原料：

牛腩400克，土豆1个，洋葱半个，蒜末1小匙，花生油、盐、鸡精、酱油各适量，白糖2小匙，香油10毫升。

 做法：

1. 牛腩切块洗净，氽烫，过冷水后沥干；洋葱切块。

2. 土豆去皮切块，用油炸至色泽金黄时盛起；烧热油1大匙，将洋葱炒香后盛起备用。

3. 起锅入花生油烧热，爆香蒜末，下白糖1小匙炒香，倒入牛腩块，爆透后加水盖过牛腩。

4. 煮开后转慢火炖40分钟，加入土豆炖至熟，放余下的调料，最后加入洋葱块即成。

黑芝麻汤圆

 原料：

糯米粉、黑芝麻各300克，猪油、白糖适量。

 做法：

1. 黑芝麻炒熟，碾碎，拌上猪油、白糖，三者比例大致为2:1:2。

2. 适量糯米粉加水和成团，以软硬适中、不粘手为好，揉搓成长条，用刀切成小块。

3. 将小块糯米团逐一在掌心揉成球状，用拇指在球顶压一小窝，拿筷子挑适量芝麻馅放入。用手指将窝口逐渐捏拢，再放在掌心中轻轻搓圆。

4. 烧水至沸，包好的汤圆下锅，煮至浮起即可食用。

牡蛎平菇汤

 原料：

　　牡蛎肉 200 克，鲜平菇 200 克，干紫菜 20 克，姜片少许，香油、盐、味精各少许。

做法：

　　1.将牡蛎肉洗净；干紫菜去杂质，浸泡，洗净；鲜平菇洗净，备用。

　　2.锅内加水烧开，放入牡蛎肉煮一下，捞出洗净。

　　3.将牡蛎肉、紫菜及姜片一起放入煲内，加入适量清水，大火烧滚后，放入鲜平菇再煮 20 分钟，待煮熟后，加香油、盐、味精调味即可。

第三周　滋养进补周

 ## 月子餐之第十五天

🕐 **早餐**

时蔬鸡蛋面饼1个
三仁香粥1碗
凉拌芹菜叶1份
牛奶1杯

🕐 **早点**

醪糟荷包蛋

🕐 **午餐**

双菇糙米饭1碗
干煸菜花1份
醪糟芹菜炒猪肝1份

🕐 **午点**

酸甜水果粥

🕐 **晚餐**

莴笋炒牛肉1份
鸡肉蘑菇汤适量
菊花卷2个

🕐 **晚点**

牛奶1杯
全麦面包2片

一日食谱举例

100

时蔬鸡蛋面饼

 原料：

面粉 150 克，鸡蛋 2 个，黄瓜、小白菜各 25 克，胡萝卜半根（约 50 克），盐、花生油适量。

做法：

1. 将小白菜、胡萝卜、黄瓜分别洗净，切碎。

2. 取一个大点的盆，放入面粉、鸡蛋、小白菜、黄瓜、胡萝卜，加入盐和适量水搅拌均匀，制成面糊。

3. 在平底锅中放入适量花生油，用小火烧热，舀一勺面糊轻轻地放入锅中，摊开铺平，一面成形后翻过来煎，直至两面皆为金黄色，便可出锅。

三仁香粥

原料：

核桃仁 20 克，甜杏仁 20 克，松子仁 20 克，糯米 80 克。

做法：

1. 先将核桃仁、甜杏仁、松子仁一同放入锅中微炒，放凉后碾碎并剥去皮。

2. 将糯米淘洗干净，和三仁粉一起放入砂锅中，加水适量，旺火煮滚，改用文火煮成粥即可。

凉拌芹菜叶

原料：

芹菜叶 200 克，酱香豆腐干 40 克，盐、白糖、香油、酱油各适量。

做法：

1.将芹菜叶洗净，放入开水锅中烫一下，捞出摊开晾凉。

2.酱香豆腐干放入开水锅中烫一下，捞出切成小丁。

3.将芹菜叶和豆腐丁放入大碗中，加入盐、白糖、酱油、香油拌匀即可。

醪糟荷包蛋

原料：

鸡蛋 1 个，醪糟 200 克，枸杞 5 粒，红糖适量。

做法：

1. 小锅中加入 1 碗水，大火煮开转小火，保持微沸的状态。

2. 鸡蛋打入碗中，顺着锅边倒入锅中，煮至定型。

3. 再次转大火，倒入醪糟，加入红糖和枸杞，煮开后即可。

双菇糙米饭

原料：

糙米 200 克，香菇 4 朵，蘑菇 100 克，盐、生抽、料酒、花生油各适量。

做法：

1.香菇、蘑菇洗净并分别切成片，糙米浸泡 4 小时。

2.将糙米放入锅中，倒入适量清水，放入香菇片、蘑菇片，调入少许料酒、盐、花生油、生抽，焖煮成饭。

干煸菜花

原料：

菜花 300 克，五花肉适量，青蒜 2 棵，葱、姜、蒜各 5 克，盐、干辣椒、生抽、花生油各适量。

做法：

1.菜花掰成小朵，洗净；五花肉切片；青蒜、干辣椒切段；葱、姜、蒜切末。

2.锅里放花生油烧热，放入五花肉片，小火煎至两面微黄，然后放干辣椒段和葱、姜、蒜末炒香。

3.下入菜花大火煸炒，加入生抽，放青蒜段炒至断生，加盐调味即可。

醪糟芹菜炒猪肝

🫒 原料:

猪肝200克,芹菜2根,葱2根,姜适量,醪糟、淀粉各1大匙,糖1小匙,酱油、盐、花生油适量。

🍴 做法:

1.猪肝泡水30分钟后,洗净捞出切片,再加酱油、醪糟、淀粉腌5分钟;芹菜洗净切段;葱、姜洗净均切末。

2.起锅放花生油烧热,放入猪肝,用大火炒至变色盛出。

3.另起锅热油爆香葱、姜末,放入芹菜段略炒,将猪肝回锅,并加盐、糖炒匀即成。

酸甜水果粥

🫒 原料:

苹果半个,梨半个,香蕉半根,橙子半个,猕猴桃1个,米饭1碗。

🍴 做法:

1.将原料中的水果洗净,去皮,并切小块。

2.锅中倒入开水,加入米饭煮开。

3.加入水果块,再次煮开,煮5～10分钟,即可装碗。

莴笋炒牛肉

 原料:

嫩牛肉 150 克，莴笋 100 克，青蒜 25 克，水淀粉 1 大匙，花生油、盐、鸡精各适量，鲜汤 1 碗。

做法:

1.莴笋择洗干净，去皮，切成细丝；嫩牛肉洗净，切成细丝；青蒜择洗干净，切成 1 厘米长的小段。

2.取一个大碗，放入切好的牛肉丝，倒入水淀粉，调入盐，抓匀，备用。

3.锅内放入适量花生油，烧至六成热，倒入调好的牛肉丝，炒至牛肉近熟，盛起。

4.锅内留少许底油，烧热，放入莴笋丝，调入盐，翻炒至莴笋熟，倒入炒好的牛肉丝、青蒜段，调入鸡精，翻炒均匀即可。

鸡肉蘑菇汤

 原料：

鸡肉 500 克，蘑菇（鲜蘑）、蚕豆各 100 克，鸡清汤、盐各适量。

 做法：

1.鸡肉切块，煮熟；蘑菇洗净切成小片。

2.鸡清汤入锅，用大火烧沸，除去浮油杂物，放盐调好口味。

3.在鸡清汤中下入蘑菇片、蚕豆、鸡肉（煮熟），大火煮 2 分钟即可。

菊花卷

 原料：

发酵面团适量，方火腿 1 小块，蛋皮 1 张，香油（或花生油）适量。

 做法：

1.将方火腿、蛋皮分别切成末。

2.将发酵面团擀成长方形薄片，将薄片的一半刷上油，撒上火腿末，向中间卷成条状。

3.将面片反过来，在另一半面片上刷油，撒上蛋皮末，向中间卷成双卷。

4.将双卷切片，厚度约 1 厘米，断面向上，用筷子夹成 4 只圆卷，在 4 只圆卷上各切至圆心，拨开卷层，即成菊花卷生坯。

5.待生坯醒好，上笼用旺火蒸熟即可。

月子餐之第十六天

🕐 **早餐**

小米什锦粥 1 碗
菊花卷 2 个
牛奶 1 杯

🕐 **早点**

西瓜 2 小块
（可留瓜皮做汤）

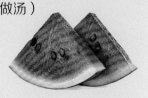

🕐 **午餐**

白米饭 1 碗
肉末炒丝瓜 1 份
瓜皮排骨汤适量

🕐 **午点**

黑芝麻汤圆

🕐 **晚餐**

馒头 1 个
西芹木耳 1 份
鳝鱼黄花汤适量

🕐 **晚点**

牛奶 1 杯
全麦面包 2 片

一日食谱举例

107

食谱精心制作

小米什锦粥

 原料：

小米200克，大米100克，绿豆、花生米、红枣、葡萄干各20克，白糖适量。

做法：

1.将绿豆淘洗干净，浸泡半小时；小米、大米、花生米、红枣、葡萄干分别淘洗干净，备用。

2.将锅置于火上，倒入绿豆，加适量清水，煮至七成熟。

3.倒入两碗开水，加入小米、大米、花生米、红枣、葡萄干，搅拌均匀，用大火烧开后，改用小火煮至熟烂，调入白糖即可。

菊花卷 (制作方法见 106 页)

肉末炒丝瓜

原料：

猪肉馅50克，丝瓜2根，葱末、姜末各5克，盐2克，生抽、花生油各适量。

做法：

1.丝瓜清洗干净，去皮，切成0.3厘米厚的片。

2.中火加热锅中的花生油，将葱末、姜末放入锅中爆香，放入猪肉馅，不断翻炒直至肉馅全部炒散、变色。

3.锅中倒入生抽，再放入切好的丝瓜片，盖上锅盖稍末焖2～3分钟，直至丝瓜片变软，调入盐，即可。

瓜皮排骨汤

原料：

猪排骨100克，西瓜皮200克，盐适量。

做法：

1.西瓜皮洗净，削去外皮，切成丁。

2.猪排骨洗净，剁成小段，放入沸水中余烫一下，捞出备用。

3.向煲内注入适量清水，大火煮沸后，投入处理好的西瓜皮、猪排骨段，小火慢煮，30分钟后，用盐调味即可。

黑芝麻汤圆（制作方法见98页）

西芹木耳

 原料：

西芹、黑木耳各200克，红椒适量，花生油、盐、味精各适量。

 做法：

1.将西芹择洗干净，切成片；黑木耳加温水泡发后，洗净，撕成小朵；红椒洗净，去蒂及籽，切成片。

2.油锅烧热，下西芹片、黑木耳、红椒片翻炒均匀，加盐、味精调味，起锅装盘即成。

鳝鱼黄花汤

原料：

黄鳝300克，干黄花菜25克，盐、花生油各适量。

做法：

1.黄鳝去内脏，洗净切段；黄花菜泡水浸发。

2.锅中放花生油烧热，放入黄鳝段稍煸，投入黄花菜，加水以小火煮熟，用盐调味即成。

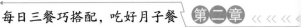

 月子餐之第十七天

🕐 **早餐**

洋葱牛肉炒饭 1 碗
红薯南瓜汤适量

🕐 **早点**

牛奶 1 杯
木瓜半个

🕐 **午餐**

双菇糙米饭 1 碗
拌花生菠菜 1 份
木瓜猪蹄汤适量

🕐 **午点**

海鲜鸡蛋羹 1 份

🕐 **晚餐**

馒头 1 个
蘑菇炖豆腐 1 份
鲜虾莴笋汤适量

🕐 **晚点**

牛奶 1 杯
苏打饼干 4 块

一日食谱举例

111

食
谱
精
心
制
作

洋葱牛肉炒饭

 原料：

米饭 200 克，牛肉 100 克，洋葱半个，姜末 1 茶匙，生抽、料酒各少许，盐 2 克、花生油适量。

 做法：

1. 洋葱去硬皮，洗净，切丝；牛肉切丁，放入生抽、料酒腌渍 5 分钟。

2. 炒锅放花生油烧热，爆香姜末，倒入牛肉丁炒至变色，盛出。

3. 炒锅留底油，放入洋葱丝炒出香味，放入米饭、盐翻炒，再倒入炒好的牛肉，翻炒均匀即可。

红薯南瓜汤

 原料：

红薯 200 克，南瓜 250 克，姜 2 块，冰糖适量。

 做法：

1. 红薯去皮切块，加入清水浸 30 分钟；南瓜洗净外皮，去子，切块。

2. 把姜块、红薯块放入煲内，倒入清水 5 杯煮滚，再煲 10 分钟。

3. 加入南瓜块煲 10 分钟，下冰糖煲至融化即可。

双菇糙米饭（制作方法见 103 页）

（制作方法见 103 页）

拌花生菠菜

 原料:

菠菜 200 克，花生米 50 克，熟芝麻适量，盐 2 克，醋 1 小匙，香油、花生油各适量。

做法:

1. 炒锅中倒入少许花生油和花生米，用小火加热，待花生噼啪声消失后出锅，沥干油后，稍加碾磨成花生碎。

2. 将菠菜洗净，切成小段，在开水锅中烫一下，取出后再放入凉水中过一下，捞出沥干水分。

3. 把菠菜和花生碎放置于盘中，加入盐、醋和香油，最后撒上少许熟芝麻，搅拌均匀后即可食用。

木瓜猪蹄汤

🫒 原料：

猪蹄 500 克，木瓜半个，枸杞 20 克，马蹄 10 个，姜、盐各适量。

🍴 做法：

1.猪蹄切块焯一下捞出；马蹄切开；姜切片；木瓜切丁。

2.锅中放清水开锅后，放入猪蹄块滚开后，改小火放入姜片煲 40 分钟。

3.放入马蹄再煲 10 分钟，放入木瓜、枸杞，最后加少许盐调味即可。

海鲜鸡蛋羹

🫒 原料：

鸡蛋 2 个，虾仁 30 克，水发海参 30 克，鲜干贝 30 克，盐 1 小匙。

🍴 做法：

1.将虾仁去沙线、洗净；水发海参去内脏、洗净，切小块。

2.将鸡蛋打入碗中，加盐、温开水打匀，放虾仁、海参块、鲜干贝。

3.蒸锅烧开，将蛋羹碗放入蒸锅，大火蒸 10 分钟即可。

蘑菇炖豆腐

原料：

嫩豆腐 300 克，鲜蘑菇 100 克，水发笋片 25 克，香油、盐、酱油、料酒各适量，高汤 1 碗。

做法：

1.将鲜蘑菇洗净，撕成小片备用；水发笋片洗净，切成丝备用。

2.将嫩豆腐切成小块，放入冷水锅中，加入少许料酒，用大火煮至豆腐起孔。

3.另起锅加入高汤、鲜蘑菇片、笋丝、酱油，用小火炖 20 分钟左右。

4.加入盐和香油调味，即可出锅。

鲜虾莴笋汤

原料：

鲜虾仁 150 克，莴笋 250 克，葱花、姜丝、盐、鸡精、香油、花生油各适量。

做法：

1.鲜虾仁挑出沙线，洗净备用；莴笋去皮洗净，切菱形状。

2.锅置火上，倒入适量的花生油，烧至七成热，放入葱花、姜丝炒香。

3.放入鲜虾仁和莴笋块翻炒均匀，再加入适量清水，煮至虾肉和莴笋熟透，用盐和鸡精调味，淋上香油即可。

月子餐之第十八天

早餐

韭黄炒鸡蛋1份
赤小豆红枣糯米粥
1碗
牛奶1杯

早点

醪糟荷包蛋1份
应季水果1份

午餐

牛肉水饺

午点

西葫芦肉汤面1碗

晚餐

馒头1个
胡萝卜烧肉1份
苦瓜豆腐汤适量

晚点

牛奶1杯
苏打饼干4块
腰果5粒

一日食谱举例

韭黄炒鸡蛋

 原料：

韭黄200克，鸡蛋2个，盐、花生油适量。

做法：

1.鸡蛋打入碗里搅散，加盐调味。

2.锅中倒花生油，倒入鸡蛋液炒好，用铲子切小块装盘。

3.锅中倒花生油，下韭黄快速翻炒，再倒入炒好的鸡蛋，翻炒2分钟，盐调味出锅。

赤小豆红枣糯米粥

 原料：

赤小豆、糯米各100克，橙皮、红枣、红糖各适量。

做法：

1.赤小豆、糯米、红枣分别用清水浸泡2小时。

2.赤小豆、糯米、红枣加适量水放入锅中，用大火煮开，然后转小火煮至软透。

3.橙皮刮去里面白瓤，切丝，放入粥锅中，待橙香渗入粥汁后，加红糖再煮约5分钟即可。

醪糟荷包蛋 （制作方法见102页）

牛肉水饺

原料:

面粉 450 克,三肥七瘦牛绞肉 250 克,胡萝卜、葱各 50 克,鸡蛋清 1 个,盐、鸡精、酱油、五香粉、香油、料酒各适量。

做法:

1.面粉加入冷水和鸡蛋清揉成光滑面团,加盖保鲜膜醒 20 分钟。

2.胡萝卜去皮切末;葱切末。

3.牛绞肉中放入切碎的胡萝卜、大葱,放入五香粉、酱油、料酒、盐、鸡精、香油,顺一个方向搅拌成滑嫩的牛肉陷。

4.醒好的面做成剂子,擀成饺子皮,包入牛肉馅,捏成水饺形。

5.锅里加水煮沸,下入饺子煮熟即可。

西葫芦肉汤面

原料:

猪肉 50 克,西葫芦 50 克,挂面 80 克,葱花、姜丝、香菜、酱油、盐各适量,香油少许。

做法:

1.猪肉洗净切片;西葫芦用擦子擦成细丝。

2.炒锅放油烧热,下肉片炒至变色,加入葱花、姜丝炒香,淋入酱油。

3.倒入足量开水,下入挂面,煮开后撇掉浮沫,继续中火煮。

4.锅里的面煮至断生,调入盐,放入西葫芦丝,再煮 1 分钟,放入切碎的香菜搅匀,关火,淋少许香油即成。

胡萝卜烧肉

 原料：

五花肉 200 克，胡萝卜 150 克，姜片、香葱段各适量，八角 3 瓣，料酒、生抽、老抽各 10 毫升，冰糖 5 块，盐、花生油各少许。

 做法：

1.五花肉、胡萝卜分别切块，锅中放入适量清水烧开，将五花肉块放入开水中煮变色，捞出洗净沥干备用。

2.炒锅烧热，放入花生油，转小火放入冰糖熬化，倒入焯过的肉块，翻炒均匀后加入料酒、生抽、老抽炒匀，加入开水，没过肉，烧开。

3.放入姜片、香葱段、八角，加盖转小火，炖 30 分钟。

4.加入胡萝卜块翻炒均匀，加盖用小火将胡萝卜炖软，加盐调味即可。

苦瓜豆腐汤

 原料：

豆腐 200 克，苦瓜 1 条，猪瘦肉 100 克，盐、鸡精、香油、料酒、酱油、水淀粉各适量，花生油适量。

做法：

1.猪瘦肉剁成末，加料酒、酱油、香油、水淀粉腌 10 分钟；苦瓜洗净，切成片；豆腐切成块。

2.锅中倒花生油烧熟略为降温，下肉末划散，加入苦瓜片翻炒数下。

3.倒入沸水，推入豆腐块，用勺划碎，调味煮沸，着薄芡，淋上香油即成。

 月子餐之第十九天

🕐 早餐

摊莜麦蛋饼1个
胡萝卜肉末大米粥
1碗
酸奶1小杯

🕐 早点

绿豆鲜果汤适量
相应水果1份

🕐 午餐

金黄山药蒸饭1碗
芹菜炒牛肉丝1份
白菜肉片汤适量

🕐 午点

猪肝面

🕐 晚餐

豆沙饼2个
蟹味菇炒小油菜
1份
椰奶乌鸡适量

🕐 晚点

牛奶1杯
全麦面包2片
腰果5粒

一日食谱举例

摊莜麦蛋饼

原料：

莜麦面 150 克，鸡蛋 1 个，韭菜 100 克，盐、花生油适量。

做法：

1. 鸡蛋打入碗内，搅散；韭菜洗净，切末。

2. 将鸡蛋液、韭菜末和适量水、盐倒入莜麦面中搅匀。

3. 平底锅烧热，刷上花生油，用勺盛莜麦面糊倒入锅中，摊成饼形，煎至两面金黄即可。

胡萝卜肉末大米粥

原料：

大米 200 克，胡萝卜 200 克，肉末 50 克，胡椒粉少许，盐适量。

做法：

1. 大米淘洗干净，用水浸泡 30 分钟；胡萝卜削皮，切细丝。

2. 肉末加少许胡椒粉和 1 小匙盐抓匀，挤成丸状。

3. 起锅加水煮沸后转小火，加入大米和胡萝卜丝。

4. 待米粒熟软，胡萝卜丝软透，放入肉丸，以中火煮至丸子熟透，加盐调味即成。

绿豆鲜果汤

原料：

水蜜桃、菠萝、枇杷各 20 克，绿豆汤 100 毫升。

做法：

1.水蜜桃、枇杷去皮，去核，切小块；菠萝去皮，切小块。

2.将水果小块与绿豆汤一起放入锅中煮沸，晾凉即可。

金黄山药蒸饭

原料：

大米 200 克，南瓜 1 小块（100 克左右），新鲜山药 50 克。

做法：

1.将大米淘洗干净，用冷水泡 1 个小时左右。

2.将南瓜洗干净，去掉皮和籽，切成小丁备用。

3.将新鲜山药削皮，洗干净，切成小丁。

4.将泡好的大米和南瓜丁、山药丁合在一起搅拌均匀，加入适量的水（与大米的比例为 2：1），放入蒸锅里蒸熟即可。

芹菜炒牛肉丝

 原料：

牛肉丝 150 克，芹菜 200 克，盐 2 克，料酒 10 毫升，酱油 5 毫升，牛肉汤、水淀粉各 25 毫升，花生油适量。

做法：

1.将牛肉丝用水淀粉和盐一起拌匀；芹菜切成长 5 厘米的段，用沸水焯一下，再用冷水过凉。

2.炒锅放在旺火上，倒入花生油，烧至四成热时，放入牛肉丝，用筷子拨散，约 10 秒钟，捞起。

3.锅中留底油，烧至四成热，倒入芹菜段煸炒，加料酒、酱油、牛肉汤，烧沸后，用剩余的水淀粉勾芡，再倒入炒好的牛肉丝翻炒即成。

白菜肉片汤

 原料：

白菜 200 克，瘦肉 50 克，蒜 5 克，花生油、盐、酱油、淀粉各适量，鸡骨汤 600 毫升。

做法：

1.将白菜清洗干净，切成段。

2.瘦肉清洗干净，擦干水分，切成薄薄的片，加入少量的淀粉和酱油腌制 10 分钟左右。

3.锅内倒入花生油并烧热，将蒜爆香，倒入鸡骨汤烧开，再放入白菜段、肉片一起烧，待肉熟菜烂，放入少量盐即可食用。

猪肝面

 原料：

面条 150 克，鲜猪肝、水发木耳各 50 克，葱花适量，熟油 15 毫升，酱油 10 毫升，盐、味精、胡椒粉、干淀粉、水淀粉适量。

 做法：

1.鲜猪肝切成片，放入碗内，加干淀粉拌匀上浆；水发木耳切成小块。

2.锅置旺火上，加入清水烧沸。将面条下入沸水锅内，用中火煮熟，捞入汤碗。

3.锅置旺火上，放入熟油烧至七成热，下入猪肝片滑散，倒入漏勺沥油。

4.锅内留少许底油，倒入鲜猪肝片、木耳块、酱油、少量水烧沸，用水淀粉勾芡，加盐、味精调味，撒上葱花，起锅倒在面条上即成。

豆沙饼

 原料：

面粉 200 克，红豆沙、花生油适量。

 做法：

1.将适量开水以画圈的方式倒入面粉中，并用筷子不停地搅拌成絮状，再加适量冷水，用手轻揉成软硬适中的面团，盖上保鲜膜，醒 20 分钟。

2.将醒好的面团分成数等份，用擀面杖擀成圆形的面片。

3.在面片的中间包入红豆沙，捏褶儿收口成包子形，收口朝下，轻轻按扁，再用擀面杖轻轻擀成均匀厚度的饼。

4.平底锅放花生油，将面饼放入锅中，煎至两面金黄即成。

蟹味菇炒小油菜

原料：

蟹味菇200克，小油菜100克，姜2片，蒜2瓣，盐3克，蚝油1茶匙，花生油适量。

做法：

1.小油菜洗净，对半切开；蟹味菇去根洗净；姜、蒜分别切成末。

2.锅内倒花生油，放入姜、蒜末，用小火炒香，放入蟹味菇，翻炒均匀，再倒入蚝油，翻炒3分钟，放入小油菜，大火翻炒约2分钟，加盐调味即可。

椰奶乌鸡

原料：

乌鸡1只，椰子1个，牛奶1杯，生姜3片，盐少许。

做法：

1.乌鸡宰杀，洗净，放入沸水锅内汆烫，去血水浮沫，捞出洗净沥干。

2.煲内加入适量清水，放入乌鸡和生姜，大火煲沸后改小火煲。

3.约1.5小时后，调入牛奶和椰汁，煮滚后，放入盐调味即成。

月子餐之第二十天

🕐 **早餐**

豆沙饼 2 个
冬瓜紫菜粥 1 碗

🕐 **早点**

红枣养颜豆浆适量
应季水果 1 份

🕐 **午餐**

白米饭 1 碗
番茄烧茄子 1 份
海带花生排骨汤
适量

🕐 **午点**

蒸豆腐肉末饼

🕐 **晚餐**

馒头 1 个
鲫鱼牛奶汤适量
三鲜豆腐 1 份

🕐 **晚点**

牛奶 1 杯
全麦面包 2 片

豆沙饼（制作方法见 124 页）

冬瓜紫菜粥

原料：

大米 100 克，冬瓜 150 克，紫菜 50 克，葱花适量，盐、香油各少许。

做法：

1.大米淘洗干净；冬瓜去皮，去心，切碎；紫菜洗净，切碎。

2.大米、冬瓜、紫菜一同放入锅中，加适量水煮粥，加入葱花煮至粥稠。

3.粥熟时加盐、香油调味即可。

红枣养颜豆浆

原料：

黄豆 50 克，红枣 10 颗，枸杞 10 克，冰糖 10 克。

做法：

1.黄豆用清水浸泡 8 小时；红枣洗净去核。

2.将泡好的黄豆洗净，加红枣、枸杞、冰糖混合放入豆浆机杯体中，加水至上、下水位线之间，接通电源，按全豆豆浆键，十几分钟后即做好养颜豆浆。

番茄烧茄子

 原料：

番茄 2 个，长茄子 2 个，葱末、蒜末各少许，盐、酱油、花生油各适量。

✗ 做法：

1.将番茄洗净切块；长茄子去皮，洗净，切滚刀块，备用。

2.锅内放花生油，待烧热后放入葱末、蒜末爆香，之后放入茄子块翻炒。

3.放入酱油继续翻炒，然后放入番茄块翻炒。

4.待番茄汤汁炒出来后，加盐翻炒片刻即可。

海带花生排骨汤

 原料：

猪排骨 300 克，海带 200 克，花生仁 100 克，盐、鸡精、醋各适量。

✗ 做法：

1.海带、花生仁、猪排骨分别洗净。猪排骨剁成块；海带稍加醋水浸泡片刻并切成片或丝；花生仁去皮，用热水泡涨。

2.锅中加水，放入猪排骨、花生仁。大火煮沸后撇去浮沫，加入海带，改用中火保持一定沸度继续煮半小时至 1 小时。

3.直至肉熟易脱骨时加入盐、鸡精调味即可。

蒸豆腐肉末饼

 原料：

豆腐200克，猪肉糜50克，榨菜50克，生抽5毫升，姜、葱适量。

 做法：

1. 姜去皮切成末；榨菜切末；葱切末；豆腐用纱布包好尽量挤去水分。
2. 将猪肉糜、豆腐、榨菜末、姜末、葱末搅拌混合均匀，放入盘子中。
3. 蒸锅烧开水，上火蒸10分钟即可，吃时浇上生抽。

鲫鱼牛奶汤

 原料：

鲫鱼1条，葱1根，姜2片，牛奶、盐、花生油各适量。

做法：

1. 鲫鱼剖洗干净；葱洗净，切成末；姜洗净，切成片。
2. 锅置火上，放花生油烧热，放入鲫鱼，煎至两面微黄，捞出控净油。
3. 汤锅内放入适量清水，烧开，放入煎好的鲫鱼，大火烧沸，转小火，加入姜片。
4. 煮至汤味浓香，倒入牛奶，略煮，撒上葱末，加入盐即可。

三鲜豆腐

 原料：

豆腐500克，熟鸡肉、罐头冬笋、水发冬菇各100克，姜、葱各15克，盐3克，味精1克，胡椒面1克，水淀粉50毫升，花生油、高汤各适量。

做法：

1.姜拍破；葱切段；罐头冬笋、水发冬菇均片成片；熟鸡肉也片成片。

2.豆腐切成长6厘米、宽2.5厘米、厚1厘米的片，用开水冲两次，沥干。

3.炒锅置旺火上，放花生油烧热，下姜、葱炒香，掺高汤同烧；汤开1分钟打去姜、葱，加盐、胡椒面，再放入熟鸡片、冬笋片、冬菇片、豆腐，烧2～3分钟；勾水淀粉收汁，加味精和匀，起锅装盘。

月子餐之第二十一天

🕐 **早餐**

什锦炒饭 1 份
番茄木耳汤适量
酸奶 1 小杯

🕐 **早点**

应季水果 1 份

🕐 **午餐**

金黄山药蒸饭 1 碗
蒜蓉西蓝花 1 份
姜汁蹄花 1 份

🕐 **午点**

醪糟圆子蛋

🕐 **晚餐**

馒头 1 个
拔丝山药 1 份
素烩豆腐 1 份

🕐 **晚点**

牛奶 1 杯
苏打饼干 4 块
腰果 5 粒

一日食谱举例

132

什锦炒饭

 原料：

米饭 200 克，去壳虾仁 30 克，
培根 1 片，甜玉米粒、豌豆各 25 克，盐、鸡精、
花生油各适量。

 做法：

1.培根切小片；去壳虾仁、豌豆、甜玉米粒分别焯水沥干备用。

2.锅里放少许花生油，小火炒至培根片出油，有些发干时铲出备用。

3.米饭倒入油锅中，不断翻炒至饭粒分散时，倒入所有食材翻炒均匀，撒盐、鸡精调味即可。

番茄木耳汤

 原料：

番茄 100 克，水发木耳 100 克，盐、
鸡精、香油、葱花、花生油各适量。

做法：

1.番茄洗净，略烫剥去外皮，切成橘子瓣形；水发木耳洗净，撕成小朵。

2.锅中放花生油烧热，放入番茄略炒，再放入木耳，加入适量清水，大火烧沸。

3.加入盐、鸡精、香油，撒上葱花即可。

金黄山药蒸饭

（制作方法见 122 页）

蒜蓉西蓝花

 原料：

西蓝花 250 克，蒜 5 瓣，蚝油 1 汤匙，盐 3 克，花生油适量。

做法：

1.西蓝花洗净，在加盐的沸水中焯一下，捞出，过凉水；蒜切成蓉。

2.将西蓝花沥干水分，在盘中摆好造型。

3.锅内加花生油烧热，将蒜蓉炒香，加蚝油，烧开，浇在西蓝花上。

姜汁蹄花

原料：

猪蹄 500 克，姜米 15 克，葱花 10 克，盐 2 克，酱油、醋、香油各适量。

做法：

1.猪蹄刮洗干净，砍成两半，在开水锅中焯一下捞起，放入汤锅里煮至软烂捞起，待凉后砍成块（每只砍成八块）。

2.将姜米、葱花、盐、酱油、醋及香油对成滋汁，同蹄花拌匀上味即成。

醪糟圆子蛋

 原料:

鸡蛋 2 个, 醪糟 60 克, 糯米粉 80 克, 枸杞 10 粒, 糖 20 克。

 做法:

1.把鸡蛋煮熟剥皮备用。糯米粉中加入水, 揉成面团, 用力压揉。

2.将面团搓成圆长条, 并均匀分成小段。

3.把小段面团放在手心中, 搓成小圆子, 放在盘中备用。

4.锅中放水大火煮开, 将小圆子下进去。

5.放入醪糟及枸杞, 煮开后放入鸡蛋, 煮几分钟便可加糖食用了。

拔丝山药

 原料:

山药 500 克, 白糖 60 克, 香油、花生油适量。

 做法:

1.将山药削皮洗净, 切成滚刀块。

2.锅中放花生油加热至七成热, 把山药块放入油内炸透, 至金黄色, 捞出, 控净余油。

3.用清水将白糖化开, 用小火炒至白糖由稠变稀, 能拉丝时, 倒入山药, 颠翻炒勺, 使糖汁完全粘在山药上后, 倒在抹过香油的盘子内即成。

素烩豆腐

原料:

韧豆腐1块,青豆仁20克,胡萝卜20克,鲜香菇1朵,高汤50毫升,姜2片,盐、花生油适量。

做法:

1.韧豆腐、胡萝卜切成1厘米见方的丁;鲜香菇去蒂,切成方丁。

2.锅中加花生油大火烧至六成热,放入姜片爆香,下胡萝卜丁、青豆仁和香菇丁翻炒,然后放入豆腐丁,翻炒均匀,加高汤,大火烧开,转小火慢煮8分钟,出锅前加盐调味即可。

第四周　体力恢复周

 月子餐之第二十二天

早餐

洋葱牛肉包1个
鸡蛋瘦肉粥1碗
牛奶1杯

早点

应季水果1份

午餐

白米饭1碗
圆白菜炒粉丝1份
胡萝卜猪肝汤适量

午点

三鲜面1小碗

晚餐

栗子面小窝头1个
香菇鸡腿汤适量
干煸冬笋1份

晚点

牛奶1杯
苏打饼干4块
腰果5粒

一日食谱举例

食谱精心制作

洋葱牛肉包

原料：

牛肉馅200克，面粉250克，洋葱半个，姜末10克，花椒水、生抽、盐、花生油各适量，料酒、香油各少许。

做法：

1.将面粉加适量温水和成松软的面团，盖上湿布饧30分钟；洋葱洗净去皮，切成末，与牛肉馅、姜末、盐、生抽、料酒、花椒水、香油顺一个方向搅匀成馅。

2.将面切成均匀的小剂子，擀成皮，包入馅，将收口的一面朝下搓成门钉形。

3.平底锅中倒花生油，将小包子褶子朝下放入锅中，盖上锅盖，小火煎至两面金黄即可。

鸡蛋瘦肉粥

原料：

大米200克，玉米粒50克，猪瘦肉50克，鸡蛋1个，葱花少许，盐、淀粉、鸡精各适量。

做法：

1.玉米粒洗净，浸泡6小时。

2.猪瘦肉切片，加入淀粉、鸡精腌渍15分钟；鸡蛋打入碗中，搅匀备用。

3.玉米粒和大米放入锅中加清水，用大火烧沸，转小火，慢煮1小时。

4.将腌渍好的肉片下入玉米粥内，煮5分钟。

5.再淋入鸡蛋液，加入盐，调好口味，撒上葱花即可。

圆白菜炒粉丝

 原料：

圆白菜半个，五花肉 100 克，粉丝 1 小把，蒜 1 瓣，葱白 1 段，盐 3 克，花椒 5 粒，生抽 10 毫升，干辣椒 1 个，花生油适量。

做法：

1.将圆白菜一片一片地剥开，用盐水浸泡 30 分钟，捞出沥干，切丝。

2.粉丝稍剪短，用冷水泡软；五花肉切丝；葱白切丝；蒜切片；干辣椒去籽切段。

3.大火烧热锅中的花生油至五成热，放花椒爆香后拣出，放入肉丝炒至变色，加葱丝、蒜片和干辣椒段炒至闻到香味，放入圆白菜丝，中火炒至圆白菜变软，加入粉丝，加盐、生抽调味，炒至粉丝入味即可。

胡萝卜猪肝汤

🫒 原料：

胡萝卜200克，猪肝150克，姜、葱各5克，盐3克，花生油适量。

🍴 做法：

1.胡萝卜洗净，切片；猪肝去筋膜，洗净，切片；葱切成葱花；姜切片备用。

2.锅中放花生油烧热，放入姜片、葱花爆香，再放猪肝片、胡萝卜片翻炒均匀，放入适量水炖20分钟，加盐即可。

三鲜面

🫒 原料：

细挂面100克，小白菜、虾仁、鱼片各20克，醪糟10克，姜末、盐各少许。

🍴 做法：

1.虾仁、鱼片洗净后，放到碗内，加醪糟和姜末腌10分钟；小白菜洗净，切段。

2.锅内倒入水煮开，下入细挂面和虾仁、鱼片，煮滚后，下入小白菜段，再略煮一会儿，加盐调味即可。

栗子面小窝头

原料：

玉米面 150 克，面粉 50 克，熟栗子肉 100 克，绵白糖 50 克，泡打粉 5 克、花生油少许。

做法：

1.将熟栗子肉碾碎成粉状，与玉米面、面粉、绵白糖、泡打粉混合，缓缓加入适量水，边加水边搅拌，然后揉成一个光滑的面团。

2.将面团分成 20 克左右的小剂子，双手蘸水，一手持面团，另一只手的大拇指在面团中间按一个窝，其余四指并拢，旋转着捏成厚度均匀的窝头胚子。

3.大火烧开蒸锅中的水，在蒸屉上刷一层花生油，将制好的窝头胚子摆在屉上，盖上盖子，蒸 15 分钟左右即可。

香菇鸡腿汤

原料：

鸡腿 200 克，干香菇 4 朵，盐少许。

做法：

1.干香菇泡发后洗净去蒂，切成片。

2.鸡腿洗净，剁成 1.5 厘米长的块，用沸水焯一下，去掉血水。

3.把鸡腿、香菇放入锅中，加入适量清水同煮，待肉烂时加入盐即可。

干煸冬笋

 原料:

鲜冬笋500克,猪瘦肉50克,榨菜20克,醪糟汁50毫升,盐4克,味精0.5克,香油20毫升,花生油30毫升。

做法:

1.将鲜冬笋拍松,切成4厘米长、1厘米宽的片;猪瘦肉剁碎;榨菜洗净,切碎。

2.将鲜冬笋条放入热油锅内微炸至呈浅黄色,滤去油。锅内留底油,放入碎肉煸炒至散,再放榨菜与冬笋片,煸炒至冬笋片表皮起皱时,放味精、盐、醪糟汁,淋上香油,颠翻几下即成。

月子餐之第二十三天

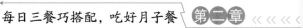

早餐

栗子面小窝头2个
红枣薏米粥1碗
牛奶1杯

早点

山楂橘子羹

午餐

白米饭1碗
虾片黄瓜1份
海带栗子排骨汤
适量

午点

紫菜虾仁馄饨汤

晚餐

馒头1个
鲤鱼苦瓜汤适量
荸荠炒冬菇1份

晚点

牛奶1杯
苏打饼干4块
腰果5粒

一日食谱举例

143

栗子面小窝头（制作方法见141页）

红枣薏米粥

 原料：

红枣5粒，薏米100克，白糖少许。

做法：

1.将薏米洗净，提前一晚浸泡于冷水中；煮粥前将红枣用热水泡软，去除枣核备用。

2.将薏米和红枣放入锅中并加适量水，大火煮至沸腾，然后转小火熬制45分钟或更长时间，使薏米变软烂。

3.煮好后也可加少许白糖调味。

山楂橘子羹

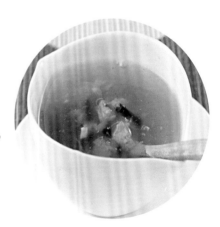

 原料：

山楂糕200克，橘子200克，白糖50克，水淀粉2大匙。

 做法：

1.将橘子剥掉外皮，去籽，切成小块备用；山楂糕切成碎块备用；将淀粉用水调稀备用。

2.将锅置于火上，加入两杯清水烧开，倒入山楂糕煮15分钟。

3.加入橘子块和白糖，再次煮开，用水淀粉勾芡即可。

虾片黄瓜

原料：

虾 4 只，黄瓜 1 根，青蒜叶 2 棵，木耳 2 朵，酱油 2 滴，醋 3 毫升，香油少许，盐适量。

做法：

1.木耳洗净，用沸水焯一下；黄瓜切成半圆片；青蒜叶切段。

2.虾去除头、壳、沙线，入开水锅里煮熟，捞出晾冷，切片。

3.将虾片与木耳、黄瓜片、青蒜叶放入盘中，倒入酱油、香油、醋、盐即可。

海带栗子排骨汤

原料：

排骨 300 克，干海带 50 克，鲜栗子 100 克，盐适量，胡椒粉 1 小匙。

做法：

1.鲜栗子先用滚水煮 3 分钟，捞起去除薄膜；干海带泡水洗净打结；排骨用热水氽烫后洗净。

2.锅中加入适量水煮开，放入海带、栗子和排骨，煮开后转小火熬煮 20 分钟，加盐和胡椒粉调味即可。

紫菜虾仁馄饨汤

原料：

速冻馄饨 10 个，紫菜少许，虾仁少许，葱花、姜丝各适量，盐适量。

做法：

1.先将速冻馄饨放入锅中，加适量清水，煮至快熟。

2.放入紫菜、虾仁，煮 2 分钟左右，加入适量盐、葱花、姜丝调味即可。

鲤鱼苦瓜汤

原料：

鲤鱼 1 条，苦瓜 200 克，柠檬 1 个，盐、高汤、料酒、姜汁、味精、白糖各适量。

做法：

1.鲤鱼去头、尾、骨，洗净。

2.苦瓜纵切两半，去籽、内膜，洗净，切片；柠檬洗净，切片。

3.将高汤倒入汤锅中，放入所有材料、调料，大火煮开后，转至小火慢煮，10分钟后放入柠檬片即可。

荸荠炒冬菇

 原料：

荸荠 200 克，水发冬菇 200 克，姜末 1 小匙，盐、鸡精、白糖、水淀粉各适量，酱油 15 毫升，素汤 1 碗，花生油 20 毫升。

做法：

1.将水发冬菇去蒂，洗净后挤去水分；荸荠去皮洗净后切成片。

2.锅架大火上，放入花生油烧至六七成熟，用姜末炝锅，投入冬菇和荸荠片煸炒几下。

3.加入素汤、酱油、白糖、盐和鸡精，转用小火焖烧至汁浓稠。

4.用水淀粉勾芡，翻炒几下即成。

月子餐之第二十四天

🕐 **早餐**

青椒牛肉炒饭1碗
海米紫菜蛋汤适量
酸牛奶1小杯

🕐 **早点**

芒果汁

🕐 **午餐**

玉米紫米饭1碗
奶汁白菜1份
红烧排蹄1份

🕐 **午点**

太阳蛋

🕐 **晚餐**

馒头1个
盐水虾仁1份
酱烧豆腐1份

🕐 **晚点**

牛奶1杯
全麦面包2片

一日食谱举例

148

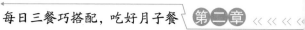

食谱精心制作

青椒牛肉炒饭

原料：

米饭200克，嫩牛肉80克，青椒2个，葱10克，酱油、料酒各5克，淀粉1小匙，盐、胡椒粉各3克。

做法：

1.嫩牛肉切丝，拌入料酒、酱油、淀粉略腌一下；青椒去蒂和籽切丝；葱切小段。

2.热油锅中下入腌好的嫩牛肉丝，快速翻炒几下断生即盛出。

3.重新烧热油锅，放葱段、青椒丝翻炒几下，然后倒入米饭炒匀，再加嫩牛肉丝、盐、胡椒粉，一起翻炒均匀即可。

海米紫菜蛋汤

原料：

海米10克，紫菜10克，鸡蛋1个，盐适量，香油各少许。

做法：

1.将海米、紫菜泡发后洗净，切成碎末。

2.将鸡蛋打入碗内搅匀。

3.锅内放入适量清水烧沸，下海米末、紫菜末，煮至熟烂，再倒入鸡蛋液成蛋花汤，加入盐、香油即可。

芒果汁

原料：

芒果 2 个，蜂蜜、冰水适量。

做法：

1.将芒果去皮，挖去核，切成小块，放入豆浆机中，加适量凉饮用水，按下果蔬汁键榨出果汁。

2.将芒果汁倒入杯中，加入冰水、蜂蜜，搅拌均匀即可。

玉米紫米饭

原料：

熟甜玉米、紫米各 100 克，蜂蜜 1 大匙。

做法：

1.将紫米提前浸泡 6 小时，捞出，包于屉布中，放入蒸锅中，大火蒸 30 分钟。

2.将蒸熟的紫米放至温热后盛入碗中，加熟甜玉米、蜂蜜拌匀，压紧实，扣在盘中即可。

奶汁白菜

原料：

大白菜 250 克，火腿 15 克，高汤小半碗，鲜牛奶 2 大匙，盐、鸡精、水淀粉、香油、花生油各适量。

做法：

1. 大白菜洗净，切成 4 厘米长小段备用；火腿切成碎末备用。

2. 锅内加入花生油烧热，放入大白菜，用小火缓慢加热至大白菜变干后捞出。

3. 另起锅放入高汤、鲜牛奶、盐烧沸，倒入白菜段烧 3 分钟左右。

4. 用水淀粉勾芡，撒入火腿末，加入鸡精后，淋少许香油装盘即可。

红烧排蹄

原料：

猪蹄 500 克，猪排骨 500 克，葱、姜各 25 克，盐 4 克，酱油 30 克，水淀粉 50 克，花生油、高汤适量。

做法：

1. 猪蹄刮洗干净砍成块（一只约砍六块）；猪排骨（选签子骨）洗净砍成 3.5 厘米长的节。

2. 锅置旺火上，放花生油烧至六成热时，下猪蹄块、猪排骨，烧干水汽；下盐、酱油、葱、姜，入锅再煸炒几下，掺高汤继续烧开，打去浮沫；用微火慢烧，烧至猪排骨、猪蹄软烂时，下水淀粉，收浓滋汁即可。

太阳蛋

原料：

鸡蛋 1 个，胡萝卜 100 克。

做法：

1.鸡蛋在碗中打散，加入蛋液 2 倍量的凉开水调匀；胡萝卜去皮，切成碎末。

2.将盛有蛋液的碗移入蒸锅中，大火蒸 2 分钟。

3.将切好的胡萝卜碎按照太阳的形状铺在碗中的蛋面上，改中火继续蒸 8 分钟即可。

盐水虾仁

原料：

虾仁 200 克，鲜青豆 50 克，番茄半个，姜、葱各 15 克，盐 2.5 克，味精 1 克，料酒 10 毫升，高汤适量。

做法：

1.姜拍破；葱切段；鲜青豆淘洗后，煮熟捞起，盛碗内加盐 1 克拌匀；番茄用开水烫后去皮，去籽，切成如青豆大小的丁。

2.虾仁淘洗干净，装碗内加盐 1.5 克、料酒、姜、葱腌几分钟，然后加高汤，上笼蒸约 2 分钟取出，拣去姜、葱。

3.将虾仁、鲜青豆、番茄丁拌匀，盛盘内，淋上蒸虾的原汁（加味精）即成。

酱烧豆腐

 原料：

豆腐 500 克，鲜牛肉 100 克，葱白 10 克，豆豉 5 克，甜面酱 15 克，盐 1 克，味精 1 克，水淀粉 100 毫升，酱油、花生油、高汤各适量。

做法：

1.葱白切 3.5 厘米长的段；鲜牛肉洗净剁细；豆豉剁茸；豆腐切成 2 厘米大小的块，放入开水锅内，加盐 1 克，煮几分钟捞起，沥干。

2.炒锅置旺火上，放花生油烧至六成热，下牛肉末煸炒干水汽；再下甜面酱炒散，加豆豉、酱油、豆腐和匀，掺高汤同烧；汤沸后改用中火，烧至豆腐入味；加葱白、味精，勾水淀粉收汁，汁浓起锅装盘。

月子餐之第二十五天

🕐 **早餐**

韭菜煎蛋1份
花生紫米粥1碗
牛奶1杯

🕐 **早点**

银耳枸杞菠萝汤
适量

🕐 **午餐**

牛肉面1份

🕐 **午点**

猪肉韭菜水饺

🕐 **晚餐**

馒头1个
檬汁脆藕1份
红薯菠菜汤适量

🕐 **晚点**

牛奶1杯
全麦面包2片

韭菜煎蛋

 原料：

韭菜50克，鸡蛋2个，盐2克，香油少许，花生油适量。

 做法：

1.韭菜洗净，切碎；鸡蛋打散，放入韭菜，调入盐打匀。

2.锅里倒入适量花生油烧热，倒入韭菜蛋液，大火快速翻炒至熟，点少许香油，出锅。

花生紫米粥

 原料：

紫米100克，花生仁30克，白糖1大匙。

 做法：

1.将紫米提前浸泡2小时，淘洗干净，下入锅中，放适量水煮30分钟。

2.放花生仁再煮20分钟即成。

3.吃时，放白糖搅匀即可。

银耳枸杞菠萝汤

原料：

银耳 10 克，枸杞 10 克，
菠萝半个，冰糖适量。

做法：

1.银耳洗净，用水泡发后去蒂，切成小朵；菠萝洗净切块。

2.银耳放进锅内加 4 碗水，用大火煮开后转小火熬煮约 20 分钟。

3.放入枸杞，煮至熟软时加入菠萝块，并加冰糖调味，即可起锅。

4.待甜汤凉后，移入冰箱冷藏，更能生津止渴。

牛肉面

原料：

挂面 100 克，西蓝花 100 克，熟牛肉
100克，姜丝少许，花生油、盐、香油各适量。

做法：

1.西蓝花掰成小朵，焯水捞出沥干；熟牛肉切片。

2.锅内放花生油烧热，放入姜丝炝锅，加入西蓝花翻炒至熟，盛出。

3.加入适量的水，水开后下挂面，加盐调味。

4.面煮好后盛入碗内，加入西蓝花和熟牛肉片，再淋入适量香油。

猪肉韭菜水饺

 原料：

面粉 500 克，猪肉 250 克，韭菜 250 克，姜末 15 克，盐 6 克，酱油、香油各适量。

做法：

1.先用水把面粉和成面团，放置 30 分钟后待用。

2.把面团分成 10 份，每份用擀面杖擀成圆饼形，中央部分稍厚。

3.把猪肉洗净剁成泥，加入香油、酱油、姜末、盐调好；把韭菜择洗干净，沥去水，切碎，与肉泥调匀，即成馅料，然后包好水饺。

4.锅置火上，放入清水，烧开后，放入水饺煮，煮开后，要略放点冷水，再煮开后再放点冷水，如此 3 次。

5.把饺子捞一两个，以手指按后能立即恢复原状，表示已煮好，即可捞出食用。

檬汁脆藕

 原料：

嫩藕 250 克，果珍 20 克，白糖、冰糖各 20 克，柠檬汁、橙汁各 30 毫升。

做法：

1.将嫩藕去皮，切成薄片，放入清水中漂洗，入沸水中氽烫，晾凉备用。

2.盆中放入冰糖、白糖，加入少量开水，制成糖水，待冷却后，再加入果珍、柠檬汁、橙汁，兑成柠檬色的汁水。

3.将鲜藕片放入兑好的汁水中浸泡 4 小时，取出装盘即可。

红薯菠菜汤

 原料：

猪肉 150 克，红薯、菠菜各 100 克，姜适量，盐适量。

做法：

1.猪肉洗净切块；红薯洗净，切小块；菠菜洗净，氽烫切段；姜切片。

2.猪肉放开水中氽烫，捞起。

3.猪肉块、红薯块、姜片放砂锅中，加清水煲 20 分钟后，放菠菜段煮熟，最后加盐调味即可。

月子餐之第二十六天

⏰ 早餐

菜香煎饼 1 个
鲮鱼黄豆粥 1 碗
豆豉鲮鱼油麦菜
1 份

⏰ 早点

猕猴桃西米露 1 份
牛奶 1 杯

⏰ 午餐

金银米饭 1 碗
老醋茼蒿 1 份
冬瓜玉米瘦肉汤
适量

⏰ 午点

养颜红豆豆浆适量

⏰ 晚餐

玉米窝窝头 1 个
西蓝花炒蟹味菇
1 份
栗子芋头炖鸡腿
适量

⏰ 晚点

牛奶 1 杯
苏打饼干 4 块
腰果 5 粒

一日食谱举例

菜香煎饼

 原料：

低筋面粉100克，小油菜50克，胡萝卜50克，鸡蛋1个，花生油适量。

 做法：

1.小油菜及胡萝卜洗净后切成细丝；鸡蛋在碗中打散。

2.在低筋面粉加入鸡蛋液及少量的水搅拌均匀，再放入小油菜丝及胡萝卜丝搅拌一下。

3.花生油倒入锅中烧热，倒入蔬菜面糊，煎至熟即可。

鲅鱼黄豆粥

 原料：

大米80克，黄豆50克，罐装鲅鱼100克，豌豆粒、葱花、姜丝各少许，盐、胡椒粉各适量。

 做法：

1.黄豆洗净，用清水浸泡12小时，捞出，用沸水汆烫，除去豆腥味；大米淘洗干净，用清水浸泡30分钟；豌豆粒用热水烫熟，备用。

2.锅中放入大米、黄豆、清水，以大火煮沸，再转小火慢煮1小时。

3.待粥黏稠时，下入鲅鱼、豌豆粒、盐及胡椒粉，搅拌均匀，撒上葱花、姜丝，出锅装碗即可。

豆豉鲮鱼油麦菜

🫒 原料：

油麦菜 200 克，罐装豆豉鲮鱼 120 克，大葱 1 段，蒜 2 瓣，鸡精、盐各适量，花生油 20 毫升。

🍴 做法：

1. 将油麦菜洗净，切成 6 厘米长的段；打开豆豉鲮鱼罐头，将里面的鱼取出，略切成小块；大葱和蒜瓣切成碎粒，备用。

2. 中火烧热锅中的花生油至七成热时，放入大葱碎和大蒜碎煸香，加入油麦菜段翻炒均匀，再加入切好的豆豉鲮鱼小块迅速翻炒均匀，调入鸡精和盐即可出锅。

猕猴桃西米露

🫒 原料：

猕猴桃 200 克，西米 150 克，冰糖适量。

🍴 做法：

1. 西米用清水浸泡发好；猕猴桃洗净去皮，切成小丁。

2. 锅中加入适量的清水，烧开后放入猕猴桃丁、西米，用大火煮沸后，再转至小火稍煮，最后加入冰糖，煮化即可。

金银米饭（制作方法见36页）

老醋茼蒿

原料：

茼蒿 200 克，蒜 5 瓣，盐 5 克，白糖 10 克，老醋适量，香油少许。

做法：

1.茼蒿择洗干净，焯水备用；蒜捣碎。

2.焯好的茼蒿装盘，加入蒜末、老醋、白糖、盐拌匀，滴少许香油提香。

冬瓜玉米瘦肉汤

原料：

冬瓜 200 克，猪瘦肉 100 克，胡萝卜半根，玉米 1 根，干香菇 3 朵，姜 2 片，盐适量。

做法：

1.冬瓜去皮洗净，切厚块；玉米洗净切段；胡萝卜去皮，洗净切块；干香菇浸软后去蒂，洗净。

2.猪瘦肉放入沸水锅内汆烫，捞出洗净，切片。

3.煲中加适量水，用大火煲沸后，放入所有材料，煲滚后，以小火煲 1.5 小时，下盐调味即成。

养颜红豆豆浆

 原料：

红豆 100 克，白糖、水各适量。

 做法：

1.红豆加水泡至发软，捞出洗净。

2.将红豆放入全自动豆浆机中，添水打成豆浆。

3.将红豆浆过滤，加入适量白糖调匀即可。

玉米窝窝头

 原料：

玉米粉 150 克，糯米粉 60 克，面粉 60 克，牛奶 100 毫升，白糖 40 克，鸡蛋 1 个，色拉油 5 毫升，酵母 2 克。

做法：

1.将除牛奶之外的所有食材放入盆中之后，缓慢加入牛奶，并用筷子顺一个方向搅拌成絮状，然后用手揉成光滑的面团。

2.面团放在盆中，盖上保鲜膜，静置 30 分钟。

3.用手取一小块面团，揉捏成圆锥状。边揉捏边用大拇指在底部戳一个小孔。依次处理好所有的面团，摆入垫了屉布的蒸锅中。

4.加水上锅蒸，水沸上汽后，继续蒸 10 分钟即可。

西蓝花炒蟹味菇

 原料：

蟹味菇、西蓝花各 100 克，蒜汁、花生油适量，盐 2 克。

 做法：

1.蟹味菇掰开，西蓝花掰成小朵，分别用盐水浸泡一会后，彻底洗净。

2.烧开水，将蟹味菇和西蓝花先后焯一下，捞出。

3.热锅倒入花生油，倒入蟹味菇，炒一下，倒入蒜汁炒匀。

4.倒入焯好的西蓝花，加盐略炒，即可出锅。

栗子芋头炖鸡腿

 原料：

新鲜栗子 300 克，芋头 250 克，鸡腿 2 只，盐适量，料酒 10 毫升，香油少许。

 做法：

1.新鲜栗子洗净，放入沸水中汆烫，捞出冲凉，用手搓去外膜备用。

2.芋头洗净，去皮切块，放入油锅中煎至微黄。

3.鸡腿洗净，剔去骨头以及腿筋，切块，放入沸水中汆烫，去血水后捞出。

4.将所有材料放入砂锅内，加入冷水淹满，再倒入料酒，滴上香油，小火煲熟，加盐调味即可。

月子餐之第二十七天

早餐

玉米窝窝头1个
香菇黑枣粥1碗
牛奶1杯

早点

应季水果1份

午餐

白米饭1碗
肉片炒西葫芦1份
藕香排骨汤适量

午点

醪糟桂圆蛋

晚餐

米饭1碗
青椒炒豆腐皮1份
清蒸鲈鱼1份

晚点

牛奶1杯
全麦面包2片

一日食谱举例

玉米窝窝头（制作方法见164页）

香菇黑枣粥

原料：

大米 75 克，香菇 150 克，黑枣 10 个，盐适量。

做法：

1.香菇用适量水泡软后，挤掉水分，切块备用；黑枣去核。

2.锅中加水烧开，放入大米煮成粥后，再加入香菇、黑枣同煮，最后加盐调味即可。

肉片炒西葫芦

原料：

西葫芦 200 克，猪瘦肉 100 克，鸡蛋清 1 个，葱段、姜片各 5 克，生抽、盐、醪糟、水淀粉、花生油各适量。

做法：

1.西葫芦洗净去皮瓤，切薄片；猪瘦肉切薄片，放碗内，加盐、鸡蛋清、水淀粉拌匀。

2.炒锅置火上，加花生油烧热后，放入肉片划散，捞出沥油。

3.锅中留少许油，爆香葱段、姜片，放入西葫芦片翻炒，再放入炒好的肉片，放入生抽、醪糟、盐，翻炒至熟即可。

藕香排骨汤

 原料:

排骨 300 克, 莲藕 200 克, 香菜 10 克, 枸杞 10 粒, 葱段、姜片各适量, 盐、料酒、醋各适量。

做法:

1.排骨洗净后放在水中浸泡 1 ~ 2 个小时; 莲藕洗净, 去皮, 切成小块, 泡在水里, 防止氧化变黑; 枸杞洗净后泡在温水里; 香菜洗净, 切成小段。

2.锅中倒入水, 将泡好的排骨放入锅中, 大火煮沸后撇去浮沫。

3.锅中放入葱段、姜片、醋和料酒, 小火炖制 1 小时。

4.将莲藕放入锅中, 继续炖至莲藕变软, 放入盐调味。最后撒入香菜段和泡好的枸杞即可。

醪糟桂圆蛋

 原料:

桂圆干、红枣各 50 克, 鸡蛋 1 个, 醪糟 200 克, 白糖、糯米年糕适量。

 做法:

1.将红枣、桂圆干冲洗干净放入锅中, 加入足量水, 大火烧开, 转小火煮 10 分钟。

2.糯米年糕切成小块, 倒入已煮过的桂圆红枣汤中。

3.汤烧沸后, 打入整个鸡蛋, 不要搅动, 中小火烧至鸡蛋液凝固至成熟。

4.倒入醪糟, 最后放糖调味, 再次煮沸即可。

青椒炒豆腐皮

 原料：

豆腐皮 200 克，青椒 150 克，葱花少许，
盐、花椒油、花生油各适量。

 做法：

1.青椒洗净，去籽，切条。

2.豆腐皮洗净切好，放入沸水锅中焯一下，捞出。

3.锅中放入花生油，烧热，下葱花、青椒条煸炒，加盐，放入豆腐皮炒至入味，
淋入花椒油即可。

清蒸鲈鱼

 原料：

鲈鱼 1 条，葱 50 克，姜 5 片，盐 5 克，鸡精 3 克，醋、酱油各适量。

 做法：

1.将新鲜鲈鱼清洗干净；葱、姜切成 3 厘米长的丝。

2.在一个小碗中加入盐、鸡精、醋、酱油等少许，搅拌均匀，
调成汤汁。

3.将鲈鱼放入鱼盘内，并倒入汤汁，码放葱、
姜丝，再淋上几滴香油。

4.整个鱼盘放入蒸锅，蒸 10 分钟即可。

月子餐之第二十八天

🕐 **早餐**

双菇炒饭 1 碗
荸荠蛋花汤适量

🕐 **早点**

牛奶 1 杯
腰果 5 粒

🕐 **午餐**

红豆饭 1 碗
猪蹄茭白汤适量
椒炝芥蓝 1 份

🕐 **午点**

水果莲子羹适量

🕐 **晚餐**

馒头 1 个
花生仁萝卜干 1 份
红白豆腐汤适量

🕐 **晚点**

牛奶 1 杯
全麦面包 2 片

双菇炒饭

 原料：

米饭250克，水发香菇50克，平菇25克，青、红椒丝各20克，盐3克，胡椒粉1克，花生油适量。

 做法：

1.水发香菇、平菇洗净切成小片。

2.炒锅放花生油烧热，将青、红椒丝和香菇、平菇片放入煸炒，快熟时放盐、胡椒粉调味，然后放米饭炒匀，使米饭充分吸收菜的滋味，炒熟即可。

荸荠蛋花汤

 原料：

荸荠10个，鸡蛋2个，香油、盐适量。

 做法：

1.鸡蛋打在碗里，用筷子打散。

2.荸荠洗净削皮切碎，加水大火煮沸，转小火煮10分钟。

3.加入打好的鸡蛋液略煮即可熄火，滴上几滴香油、适量盐，即可食用。

红豆饭（制作方法见62页）

（制作方法见62页）

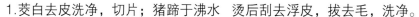

猪蹄茭白汤

🫒 原料：

猪蹄250克，茭白100克，生姜2片，料酒、大葱、盐各适量。

🍴 做法：

1.茭白去皮洗净，切片；猪蹄于沸水　烫后刮去浮皮，拔去毛，洗净。

2.将猪蹄放净锅内，加清水、料酒、生姜片及大葱，旺火煮沸，撇去浮沫，改用小火炖至猪蹄酥烂，最后投入茭白片，再煮5分钟，加入盐即可。

椒炝芥蓝

🫒 原料：

芥蓝300克，花椒3克，盐2克，鸡精少许，生抽5毫升，花生油适量。

🍴 做法：

1.芥蓝洗净，斜刀切成寸段，芥蓝沸水焯至断生后，再用冷水过凉，沥干水分备用。

2.锅内加花生油烧热，放入花椒，小火炸出香味后做成花椒油，在刚炸出的花椒油中放入盐、鸡精和生抽，调成味汁。

3.把芥蓝装入盘中，淋上味汁即可。

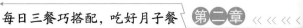

水果莲子羹

 原料：

莲子 50 克，黄桃 1 个，荔枝 100 克，菠萝 3 片，冰糖、水淀粉各适量。

 做法：

1.莲子挑去莲心，加适量水焖酥，加冰糖调味。

2.其他水果切丁入莲子汤中，烧滚后，加适量水淀粉勾芡成羹即成。

3.将制好的莲子水果羹放入冰箱冷藏后食用味道更好。

花生仁萝卜干

 原料：

胡萝卜干 150 克，炒花生仁 50 克，熟油 30 克，葱白 25 克，盐 1.5 克，味精 1 克，花椒面 0.5 克，白糖 15 克，酱油、醋各适量。

做法：

1.胡萝卜干洗净，挤干水，切成 0.5 厘米见方的小粒；炒花生仁去红衣，剁成同胡萝卜干同样大小的颗粒；葱白切粒。

2.将胡萝卜干、花生仁、葱白放碗内加盐拌匀后，再把酱油、白糖、味精、熟油、花椒面和醋等一齐加入拌匀，上味即成。

红白豆腐汤

 原料：

豆腐 200 克，鸭血 200 克，豌豆尖 100 克，姜、葱少许，盐 3 克，味精、胡椒面各 1 克，水淀粉 75 毫升，酱油、醋、花生油各适量，高汤 1000 毫升。

做法：

1.鸭血在开水锅中煮到内部断红即捞起，与豆腐分别用刀打成 1.5 厘米见方的小薄片；姜切细米；葱切细花；豌豆尖择后洗净（如无豌豆尖，小白菜也可）。

2.炒锅置旺火上，放花生油烧热，下姜米炒出香味后掺高汤，放盐、酱油、胡椒面，汤开即下鸭血、豆腐片。

3.锅内的汤再开时，用水淀粉勾薄芡，再加豌豆尖、味精、醋等搅匀起锅。

第三章

治疗性食谱，
远离月子病

产后缺乳

产后缺乳是指产后乳汁甚少或全无，也称乳汁不足、乳汁不行。中医认为产后缺乳有虚实之分。虚者多为气血虚弱，乳汁化源不足所致；实者则因肝气郁结，或气滞血凝、乳汁不畅所致。

 饮食原则

1.产后宜食清淡、富有营养的滋补食品，如鱼、鸡蛋、猪蹄、虾、鸡、新鲜蔬菜等。

2.产后不宜过食炙煿油腻之品，并忌辛辣食物，否则易助热，可导致乳腺炎。

3.如因脾胃虚弱，生化无源，脾运不健，故饮食要细软易消化。不可暴饮暴食，要徐徐进补，以免损伤脾胃功能。

4.产后情志抑郁，肝气郁结，日久化火，易并发乳腺炎，所以产后心情要愉快舒畅，避免情绪激动，可食疏理肝气的食品，如橘子、九制陈皮、大枣等。

5.产妇应忌寒凉之品，因脾胃虚弱，如食用寒凉食物会进一步损伤脾阳，生化之源更不足，更不能化为乳汁。

 食疗选方

1.猪蹄2只（洗净），通草5克，加水，用小火清炖4小时，加盐、葱、姜，每日作餐喝汤，有补虚通乳的功效。适用于产妇乳少。

2.生南瓜子20克，去壳取仁，捣烂如泥，加白糖搅拌，早晚空腹用温开水冲服，连服3～5日。适用于产后乳汁少。

3.花生45克（不去红衣），粳米100克，加水煮粥将成时，放冰糖稍煮。有健脾开胃、养血通乳的功效。适用于脾虚、贫血、产后乳汁不足。

4.鲜大虾100克，剪足须，加水适量煮汤，再加黄酒20毫升、油、盐，饮汤食虾，1次吃完，每日1剂，连服3～5剂。适用于产后缺乳。

通草鲫鱼汤

原料：

鲫鱼（或鲤鱼）1条约250克，通草3克，黄酒、花生油、盐各适量。

做法：

1. 鲫鱼打去鳞片，开膛破肚，去除内脏、鳃和腹中黑膜，然后用清水清洗干净。

2. 平底锅中放入花生油，油热后放入鲫鱼煎，煎好一面后翻面再煎。

3. 加适量水，煮至半熟，加通草、黄酒、油、盐，煮15分钟。

功效：

适用于产后乳少。饮汤食鱼，每日1剂。

鲢鱼小米粥

原料：

活鲢鱼1条，丝瓜仁10克，小米100克，葱、姜、盐、香油、味精各适量。

做法：

1. 将鲢鱼去鳞、鳃及内脏，洗净，去刺，切成片，放入盆中，加葱、姜、香油、精盐拌匀，腌渍片刻；小米淘洗干净；丝瓜仁洗净。

2. 锅置火上，放入小米、丝瓜仁、适量清水煮粥，等粥将熟时，加入鲢鱼片再煮片刻，待鱼熟加入味精即可。

茴香粥

 原料：

小茴香（干）10~15克，粳米50~100克。

 做法：

先煎小茴香取汁去渣，入粳米煮为稀粥，或用小茴香3～5克研为细末，调入粥中。

 功效：

健脾开胃，通乳。适用于产后乳汁缺乏。每日2次，趁热服。3～5天为1个疗程。

牛奶木瓜泥

 原料：

木瓜100克，牛奶100毫升。

 做法：

1. 木瓜洗净，去皮去籽，上锅蒸7～8分钟。
2. 用勺背将蒸好的木瓜压成泥，拌入牛奶即成。

 功效：

木瓜所含的木瓜素能快速将蛋白质分解成人体很容易吸收的养分，从而直接刺激母体乳腺，帮助乳汁分泌，可以使产妇更快地下奶。

产后恶露不绝

产后恶露持续 20 日以上仍淋漓不断者，称为产后恶露不绝。主要是由于脏腑受病，冲任不调，气血运行失常而致。

 饮食原则

1.如恶露色淡量多，应多食补气养血之品，气固血自止，如鸡、鸭、瘦肉、鲜蛋、鲜鱼等营养丰富的食物。

2.如恶露色红黏稠，应多食养阴清热、不滋腻碍脾的食物，如鲫鱼、白木耳等，不宜食膏粱厚味，助生湿热。

3.如恶露量多夹血块，应多食活血去瘀生新的食物，如桃仁、山楂等。

4.产后恶露不绝是出血之证，忌辛辣刺激之物，如辣椒、大蒜、烟酒等。

 食疗选方

1.生鸡蛋 2 个（去壳），酸醋 30 毫升，炮姜 10 克（焙干研粉），搅匀，放锅内，隔水蒸熟，每日 1 次服完。适用于气虚血弱。

2.桃仁 10 ~ 15 克，捣烂，水浸泡，研汁去渣，加粳米 50 克，红糖适量，加水 450 毫升，用文火煮粥，每日 1 ~ 2 次。适用于瘀血内阻或胞衣残留。

3.乌骨鸡蛋 3 个（去壳），醋 30 毫升，酒 30 毫升，搅匀，加大枣 20 克，水适量煎服，每日 1 次，连服 3 ~ 5 日。适用于产后恶露不绝中各种类型。

4.生山楂 50 克，洗净，水煎熟，加红糖，代茶饮，连服 1 周。适用于气血虚弱和瘀血内阻。

5.红糖 100 克，茶叶 3 克，水煎取汁，去茶叶，用热黄酒适量冲服，每日 1 ~ 2 次。适用于瘀血内阻或胞衣残留。

6.赤小豆 100 克，冬瓜皮 50 克，微炒，水煎代茶饮。适用于气血虚弱浮肿，小便不利。

参芪胶艾粥

 原料：

黄芪、党参各 15 克，鹿角胶、艾叶各 6 ~ 10 克，升麻 3 克，当归、砂糖各 10 克，粳米 100 克。

 做法：

1. 将党参、黄芪、艾叶、升麻、当归入砂锅煎取浓汁，去渣。

2. 在药汁中加入粳米、鹿角胶、砂糖，小火熬煮成粥。

功效：

祛瘀止血。适用于妇女产后恶露淋漓、涩滞不爽、量少、色紫暗有块、小腹疼痛拒按。每日分 2 次，温服，病愈即停。

山楂益母茶

 原料：

生山楂 50 克，益母草 50 克，水 500 毫升，砂糖 100 克。

 做法：

1. 生山楂去核，切片。

2. 将山楂片和益母草放入锅中，加水 500 毫升，煎熬，直至水和食材共 400 克。

3. 将渣去掉，再加入砂糖 100 克，收膏。

 功效：

山楂甘酸微温，能消食、健胃、化瘀，常用于血瘀痛经、产后恶露不尽等。益母草味辛，味苦微寒，入心肝血分，能活血化瘀。每次服 20 毫升，每日 2 次。

益母草泡红枣

 原料：

益母草 20 克，鲜红枣 100 克，红糖 20 克。

 做法：

1. 将益母草、鲜红枣分放于两碗中，各加 650 毫升水，浸泡半小时。

2. 将泡过的益母草倒入砂锅中，大火煮沸，改小火煮半小时，用双层纱布过滤，约得 200 克药液，为头煎。药渣加 500 毫升水，煎法同前，得 200 克药液，为二煎。

3. 合并两次药液，倒入煮锅中，加鲜红枣煮沸，倒入盆中，加入红糖溶化，再泡半小时即可。

 功效：

益母草以有益于妇女而得名，为妇科圣药，具有治疗月经不调、胎漏难产、产后恶露不尽、瘀血腹痛之功。

红豆冬瓜糖水

 原料：

红豆 150 克，冬瓜 250 克，糖适量。

 做法：

1. 红豆洗净备用；冬瓜洗净，刮去冬瓜瓤，连皮切成厚片。

2. 将冬瓜、红豆放入煲内，加水。

3. 大火滚开后，改用文火煲 90 分钟，放入糖，再煲 5 分钟即可。

 功效：

清热解毒，养阴止血。适用于恶露量多，色鲜红或深红，质稠而臭，面赤口干，舌红脉数的血热型恶露不尽。

产后大便难

妇女产后大便艰涩，或数日不解，或排便时干燥疼痛，难以解出者，中医称为产后大便难。

 饮食原则

1.由于妇女产后体虚津亏，肠道失润而致者，不能用苦寒峻下的方法，宜用养血润燥、增液通便的方法，多食芝麻、胡桃肉、大枣等补血润肠的食物。

2.阴虚火盛、津液亏耗者，切忌食辛辣刺激的食物，如辣椒、大蒜、姜及烟、酒等，应食用纤维素较丰富的食物，如荠菜、芹菜等，在养血润肠的同时可加快排便。

 食疗选方

1.胡桃肉30克，黑芝麻30克，研细末，与糯米100克煮粥，随意饮服，每日1剂。适用于营血虚弱。

2.粳米60克，洗净，清水浸泡1小时，捞出滤干；生山药15克，切小颗粒；黑芝麻120克，炒香，同放盆内，加水、鲜牛奶200毫升，拌匀，磨碎滤汁。锅内加清水、冰糖120克，溶化过滤后烧开，将滤汁慢慢倒入，加玫瑰酱6克，不断搅拌成糊至熟，每日1小碗。适用于体虚、气血两亏。

3.菠菜500克，猪血250克，水煮，连汤服，隔日或每日1次。适用于阴亏血虚、肠燥便难。

4.香蕉1～2个，每日早晨空腹吃。适用于肠燥便秘。

5.芝麻香油100克，蜂蜜250克，用文火加温，调匀，每日2次，每次10克。适用于营血虚弱、肠燥便秘。

红薯粥

原料：

红薯 200 克，粳米 100 克。

做法：

1. 将红薯连皮切成小块。
2. 锅置火上，放入适量水、粳米同煮成稀粥。

功效：

健脾养胃，益气通乳，润肠通便。适用于脾胃虚弱、产后乳汁不通、便秘、大便带血等。红薯有宽肠胃、通便秘的功效，中医食疗中常用于治疗脾虚水肿、疮疡肿毒、肠燥便秘。

松子仁粥

原料：

松子仁 30 克，粳米 100 克，盐少许。

做法：

1. 先将松子仁打破，取洁白者洗净，沥干水，研烂如膏，备用。
2. 煮锅中加适量清水，放入松子膏及粳米，置于火上煮，烧开后改用中小火煮至米烂黏时，点入少许盐调味，即可食用。

功效：

此粥黏稠，味香，可润肠增液，滑肠通便，对妇女产后便秘有较好的疗效。

大蒜姜汁拌菠菜

 原料：

嫩菠菜500克，姜25克，蒜末、盐、酱油、醋、花椒油、麻油各适量。

 做法：

1. 嫩菠菜洗净，切成段，锅中加入适量清水烧沸，倒入菠菜段，焯至断生后捞出，用凉水过凉，沥净水分，摆入盘中。

2. 姜捣烂挤出姜汁，在姜汁中加盐、蒜末、酱油、醋、花椒油、麻油拌匀，浇在菠菜上即可。

 功效：

菠菜能滋阴润燥，补肝养血，清热泻火，用于治疗阴虚便秘、消渴、贫血等症。

红薯菠菜汤

 原料：

猪肉150克，红薯、菠菜各100克，姜、盐适量。

 做法：

1. 猪肉洗净切块，放开水中汆烫，捞起；红薯洗净，切小块；菠菜洗净，汆烫切段；姜切片。

2. 猪肉块、红薯块、姜片放砂锅中，加清水煲20分钟后，放入菠菜段煮熟，最后加盐调味即可。

 功效：

红薯富含膳食纤维，能刺激肠道，增强蠕动，通便排毒。

产后腹痛

妇女产后以小腹疼痛为主症者，称产后腹痛。孕妇分娩后，由于子宫的缩复作用，小腹呈阵阵作痛，于产后 1～2 日出现，持续 2～3 日自然消失，属生理现象，一般不需治疗。若腹痛阵阵加剧，难以忍受，或腹痛绵绵，疼痛不已，影响产妇的康复，为病态，应予治疗。

 ## 饮食原则

1. 根据临床产前宜清、产后宜温的治疗原则，产后腹痛者应忌生冷，否则将加重寒凝血滞。

2. 产后腹痛者因产后气血虚弱，宜食温性清淡，但营养价值高、易消化的食物，如瘦肉、鲜鱼汤、清蒸鸡、鸭等。

3. 如小腹阵痛，得热稍减，下血不畅者，可食辛热祛寒、活血祛瘀类食物，如生姜羊肉红枣汤、生山楂红糖茶等。

 ## 食疗选方

1. 莲藕 200 克（洗净切碎），桃仁 15 克，煮至藕酥汤浓，饮汤食藕，1 次服完。适用于气血虚弱，小腹隐痛。

2. 生山楂肉 24 克，红糖 30 克，黄酒 100 毫升（或生姜 3 片），放锅内，加水 300 毫升煮至 150 毫升，1 次服完。适用于瘀血内阻，小腹阵痛。

3. 鹌鹑蛋 7 个，打碎搅匀，米醋 100 毫升，放锅内，煮沸，将蛋倒入，冲成蛋花，1 次服完。适用于气血虚弱，小腹隐痛。

4. 鳖甲 30 克，煅烧存性，研细末，用开水 1 次冲服。适用于阴血亏虚，小腹隐痛。

5. 羊肉 250 克，生姜 15 克，红枣 10 颗，煮至肉酥汤浓。适用于寒凝血滞，小腹冷痛。

6. 橘叶 60 克，红糖 30 克，水煎代茶饮。适用于气滞血瘀，小腹胀痛。

芹菜山楂粥

 原料：

芹菜 100 克，山楂 10 颗，大米 100 克，盐少许。

 做法：

1. 把大米淘洗干净；山楂洗净切片；芹菜洗净切成颗粒状。
2. 把大米放入锅内，加水煮沸。
3. 用小火煮30分钟，下入芹菜粒、山楂片。最后再煮10分钟加盐调味即可。

 功效：

山楂可消食健胃，行气散瘀，用于治寒湿气小腹疼。

小米鸡蛋红糖粥

 原料：

小米 100 克，鸡蛋 3 个，红糖 100 克。

做法：

1. 先将小米淘洗干净；鸡蛋打入碗中，搅匀备用。
2. 在洗净的煮锅内放入清水、小米，置于炉火上。先用旺火煮沸，再用小火熬煮至粥成，放入鸡蛋液搅匀，略煮，以红糖调味即成。

 功效：

此粥适用于新妈妈产后虚弱、恶露不净、产后腹痛，是产后补养保健的佳品。

山楂肉丁

 原料：

猪后腿肉 250 克，鲜山楂 10 个，姜末、酱油、白糖、盐、湿淀粉、干淀粉、黄酒、花生油各适量。

 做法：

1. 猪后腿肉切小丁，刀背轻拍，拌入黄酒、盐、湿淀粉，拍上干淀粉；锅内倒花生油烧至六成热，将肉逐块炸一下，捞起沥油；油再烧热，再次略炸捞起，待油温八成热时，再炸至脆。

2. 鲜山楂去核心，加少许水煮烂，压泥。

3. 锅内放花生油烧热，姜末爆锅，倒入山楂泥翻炒，再加少许酱油、白糖，熬成稠厚卤汁，倒入肉丁，翻炒片刻即可。

 功效：

此菜活血养血，祛瘀止痛。适用于治疗各种血瘀型产后腹痛。

八宝鸡

 原料：

肥母鸡 1 只（约 1500 克），猪肉 500 克，党参、白术、茯苓、炙甘草、熟地、白芍各 10 克，当归 15 克，川芎 6 克，盐 15 克，葱、姜各 10 克。

 做法：

1. 肥母鸡宰后去毛，剖腹去内脏，洗净，切成小块；猪肉洗净，切成小块；八味中药用干净纱布包裹。

2. 将鸡肉、猪肉放入锅中，加适量水，并把药包放入锅中烧开，再加入葱、姜、盐，炖至鸡肉及猪肉烂熟，取出药包即可。

3. 再入锅，加水煮透，放入冰箱备用。

 功效：

此菜益气养血，生精濡脉，补养五脏。适用于产后气血虚弱、筋脉失养所致的腹痛。

产后排尿异常

妇女产后小便点滴漏下，甚则闭塞不通，或产后不能如意约束小便而自遗，统称为产后排尿异常。

 饮食原则

1.产后排尿异常多由肺肾两虚所致，故应常食补肺益肾的食物，如鸭、猪腰、猪肺、羊肝等。

2.产后排尿异常多见于虚证，不能见小便不通就妄用通利，这样必加重症状。

3.产后排尿异常宜食升清降浊的食物，以通调水道，促进膀胱气化，如橘皮、桔梗开提肺气于上；荠菜、蚕豆（连壳）泻浊利尿于下。

 食疗选方

1.韭菜150克，洗净切段，入油锅炒，放鲜虾250克再炒片刻，加盐、胡椒粉。适用于肾阳不足引起的小便不通或失禁。

2.新鲜荠菜240克，洗净，放锅内，水3碗煎至1碗，放鸡蛋1个，搅匀煮熟，加盐，饮汤食菜和蛋，每日1～2次。适用于小便淋漓不净，甚则小便失禁。

3.蚕豆干（连壳）50克，红茶叶6克，泡茶饮，或用火略煮。适用于肺气虚引起的小便不通。

4.新鲜梭鱼（又名鲻鱼）250～300克（洗净切块），粳米100克，煮粥，调味服食。适用于小便频数，淋漓不净。

5.鸡肠2～3副，剪开洗净，切小段，用花生油炒至将熟时，加醪糟1～2汤匙、盐适量。当菜吃。适用于小便频数，甚则失禁。

6.粳米100克，煮粥将熟时，加葱白3根，再煮片刻，分2次空腹服完，每日1次。适用于肺气虚、膀胱气化失司之小便不通。

人参乌鸡

 原料：

乌鸡1只（约750克），人参10克，盐少许。

 做法：

1. 将乌鸡宰杀，去毛及内脏，洗净；将人参用温水泡软后切片，装入乌鸡腹腔内。

2. 将乌鸡放入蒸碗内，放入适量盐和水，隔水蒸至鸡肉酥烂时即可食肉饮汤。

 功效：

此菜鸡肉酥烂，汤鲜味浓。适用于气虚诸症，尤其适宜产后恶露不绝、小便不利的新妈妈食用。

竹笋鲫鱼汤

 原料：

鲫鱼1条（约250克），笋肉25克，香菜、葱段、姜片各少许，黄酒、盐、胡椒粉各适量。

 做法：

1. 将笋肉洗净切段；鲫鱼洗净后，用黄酒、盐、胡椒粉腌渍20分钟。

2. 将腌渍好的鲫鱼，放在碗内，鱼身中间摆放笋段，同时加入黄酒、葱段、姜片，上屉蒸1.5～2小时，至鱼熟烂时，拣去葱段、姜片，撒上香菜，即可食用。

 功效：

此菜健脾行气，燥湿利尿。适于产后新妈妈食用。

山药炖红豆

 原料:

红豆 100 克,新鲜山药 200 克,糖适量。

 做法:

1. 红豆洗净,用清水浸泡一晚,沥干待用。

2. 新鲜山药去皮,洗净后切块,下锅前先浸泡于清水中。

3. 红豆倒入汤锅内,加适量水,大火煮开,再转小火煮约 40 分钟。

4. 放进山药块继续煮 15 ~ 20 分钟,加糖调味,熄火后焖约 10 分钟,即可盛出食用。

 功效:

红豆性平,味甘酸,具有健脾利水、清利温热的功效。

鸡蛋虾仁炒韭菜

 原料:

韭菜 250 克,虾仁 30 克,鸡蛋 1 个、盐、花生油、香油、淀粉各适量。

 做法:

1. 将虾仁洗净,水发胀,约 20 分钟后捞出,沥干水分,备用;韭菜择洗干净,切 3 厘米长段,备用。

2. 鸡蛋打破,盛入碗内,加入淀粉、香油、虾仁调成蛋糊。

3. 炒锅烧热,倒入花生油,油热后倒入蛋糊,蛋糊熟后放入韭菜同炒。

4. 待韭菜炒熟,放盐,淋香油,搅拌均匀起锅即可。

 功效:

韭菜有散瘀活血的功效。

产后自汗、盗汗

妇女产后自汗、盗汗为产后常见病，为"三急"症之一。若汗出涔涔，持续不止者，称为产后自汗。若睡后汗出湿衣，醒来即止者，称为产后盗汗。盗汗分为生理性盗汗和病理性盗汗两种，生理性盗汗属正常情况，一般在产后一周内出现，如果持续时间较长，就应该引起重视。

 饮食原则

1.产后饮食宜温，但不要过烫。

2.因气阴皆虚，故饮食应以新鲜、营养价值较高、有补气养阴的食物为主，如火腿、猪心、猪脊髓、鸡、鸡蛋、青鱼、虾等。

3.产后饮食宜容易消化吸收，因产妇睡在床上活动较少，不宜过饱，以免伤脾胃。

4.不宜食辛辣刺激的食品，因易伤气阴。

 食疗选方

1.小麦60克，加水煮熟，取汁，再加粳米100克，大枣5颗，煮粥。有养心神、止虚汗、补脾胃的功效。适用于心气不足、怔忡不安、失眠、自汗、盗汗。

2.鲜枇杷叶10余片，去毛洗净。糯米250克，清水浸泡一夜，与枇杷叶包粽子，蒸熟，分次服。有补中益气、暖脾和胃、止汗的功效。适用于产后自汗。

3.瘪桃干（未成熟的桃干果）10～15克，水适量煎汤，加白糖，每晚1次。适用于产后虚汗、盗汗。

4.大枣、乌梅各10个，每日1剂，分2次煎服。适用于虚汗、盗汗。

5.牡蛎、小麦等量，炒黄研粉。每次6克，用肉汤冲服。适用于产后自汗、盗汗。

6.黑豆、浮小麦各30克，水煎服，每日1剂。适用于产后盗汗。

小米鳝鱼粥

 原料：

小米 100 克，鳝鱼肉 50 克，胡萝卜 30 克，生姜 5 克，盐 4 克，白糖 1 克。

 做法：

1.将小米反复用清水洗净；鳝鱼肉切成粒；生姜、胡萝卜去皮切粒。

2.取瓦煲 1 个，注入适量清水，烧开后下入小米，用小火煲约 20 分钟。

3.加入姜粒、鳝鱼粒、胡萝卜粒，调入盐、白糖，继续煲约 15 分钟即可。

 功效：

此粥富含营养，对体质虚弱的产妇具有益气补虚的功效，可改善产妇汗多的情况。

薏米猪肚粥

 原料：

薏米 250 克，猪肚 1 只。

 做法：

1.薏米淘洗干净；猪肚洗净，将糯米放入猪肚内，用线扎紧，放入开水锅中氽烫约 2 分钟，捞起备用。

2.将氽烫好的猪肚放入煲中煲约 1 小时，然后取出薏米，将猪肚切成小块，放入原汤中继续煲，至肉烂熟后，加入调味料即可。

 功效：

健脾益气，补益中焦，开胃进食。此粥重在补益脾胃、益养气血而固津敛汗，适用于产后气虚多汗的新妈妈食用。

乌梅山楂茶

 原料：

山楂 15 克，乌梅 3 粒，洛神花 3 朵，甘草 2 ～ 3 片，冰糖适量。

做法：

1. 将山楂、乌梅、洛神花、甘草、5 碗水放入锅中，开大火煮。
2. 煮滚后转中小火续滚约 5 分钟，即关火。
3. 关火之后再焖 5 分钟，倒出茶水，此时再入冰糖即可。
4. 剩下的残渣可再以 3 碗水煮 15 分钟后饮用。

功效：

乌梅有清凉解暑、生津止渴的功效，适用于产后心热烦躁、消渴欲饮不已的新妈妈食用。

木耳炒鸭肉片

 原料：

瘦鸭肉 200 克，水发木耳 25 克，葱丝、姜末、蒜末各适量，料酒 1 大匙，酱油、水淀粉、盐、高汤、香油、花生油各适量。

做法：

1. 将瘦鸭肉洗净，切成薄片，用水淀粉浆好；酱油、料酒、水淀粉、盐、葱丝、姜末、蒜末、水发木耳、高汤放一碗内，调成芡汁。
2. 炒锅置火上，放花生油烧热，放入瘦鸭肉片滑透，捞出，控净油。
3. 将锅置火上，肉片回锅，加入配好的芡汁，炒匀，淋入香油即可。

 功效：

出汗是气虚阴亏的表现，黑木耳具有滋补肾阴之功效。

产后发热

　　产褥期内出现发热持续不退，或突然高热寒战，并伴有其他症状者，称为产后发热。可由外感、瘀血、血虚、伤食、蒸乳所致。

 饮食原则

　　1.产后发热者因产时元气大伤，产后气血多虚弱，故不能见高热就妄用辛温发汗的方法，这样必使元气更伤。

　　2.产后发热者因产时阴血损伤，高热津液亏耗，应多饮汤汁，补充津液，滋阴清热。

　　3.对产后发热中本虚标实之证，应攻补兼施。如产后腹痛下血、夹血块等瘀血内阻之证，可适当食桃仁、山楂等去瘀生新的食物。

 食疗选方

　　1.菱角粉30克，加水打糊，放沸水中煮熟，加糖，晨起做早餐食用。适用于产后发热、胃纳不佳、低热自汗、口渴、心烦。

　　2.鲜百合100克，掰成瓣，撕去内膜，用盐轻捏一下，洗净；绿豆25克，薏苡仁50克，加水煮至五成熟，加百合，用文火焖至酥如粥状，加白糖，每日1～2次，每次1碗。适用于产后高热或低热不退、食欲下降、口渴、尿少色黄。

　　3.粳米50克，煮粥至半熟，加鲜藕片50克，再煮熟，加糖，晨起作早餐服。适用于产后发热不退、口干心烦、恶露不净。

　　4.粳米50克，煮粥至半熟，加桃仁30克（压碎成小块），再煮熬至熟，每日早晚服。适用于产后发热、瘀血内阻，或伴有乳痛、肠痛、便秘。

　　5.山楂30克（炒熟），萝卜子15克，橘皮1个，麦芽30克（炒熟），水煮汁饮，每日3次，饭后服1小碗。适用于产后发热、饮食不节、嗳腐吞酸、腹胀。

瓜皮翠衣粥

 原料：

西瓜皮 200 克，大米 100 克，冰糖 2 大匙。

 做法：

1. 将西瓜皮洗净，切成细丝，用纱布绞出汁液，备用。

2. 将大米用清水淘洗干净，除去泥沙杂质，备用。

3. 锅置旺火上，将大米放入锅内，加入适量清水烧沸。

4. 改用微火煮 40 分钟后，放入西瓜皮汁液及冰糖，使之溶解即成。

 功效：

适用于产后身热多汗、口渴心烦、体倦少气。

凉拌绿豆芽

 原料：

绿豆芽 400 克，料酒 5 毫升，香油 10 毫升，盐、白糖、味精少许。

 做法：

1. 将绿豆芽去根洗净，放沸水锅内烫熟捞出，用凉开水过冷，沥干水装盘内。

2. 将料酒、香油、盐、白糖、味精放入碗内，调匀浇在绿豆芽上稍拌即可。

 功效：

适用于产后高热寒战、胃纳不佳、低热白汗和口渴心烦。

皮蛋粥

 原料：

粳米 100 克，皮蛋 1 个，葱花、白胡椒粉、姜末、盐、香油各适量。

做法：

1. 粳米淘洗干净放入锅中，加适量水，大火煮沸后转小火煮至粥稠。

2. 皮蛋去皮，切丁，放入米粥中，小火煮 20 分钟，加盐、白胡椒粉、香油、葱花、姜末调味即可。

 功效：

适用于女性产后体虚、高热。分 2 次服完。

荷叶茶

 原料：

鲜荷叶 100 克，蜂蜜适量。

做法：

1. 鲜荷叶洗净切片，放煲内，加水煎汤去渣取汁。

2. 待鲜荷叶水放至温热，加入蜂蜜，搅匀即可。

 功效：

代茶饮用。有清热解暑、升发清阳、凉血止血等功效。

图书在版编目（CIP）数据

月子每天怎么吃 / 艾贝母婴研究中心编著. -- 成都：
四川科学技术出版社，2019.3
ISBN 978-7-5364-9411-4

Ⅰ. ①月… Ⅱ. ①艾… Ⅲ. ①产妇－妇幼保健－食谱
Ⅳ. ①TS972.164

中国版本图书馆CIP数据核字(2019)第052267号

月子每天怎么吃
YUEZI MEITIAN ZENME CHI

出 品 人　钱丹凝
编 著 者　艾贝母婴研究中心
责 任 编 辑　夏菲菲
封 面 设 计　仙　境
责 任 出 版　欧晓春
出 版 发 行　四川科学技术出版社
　　　　　　地址　成都市槐树街2号　邮政编码 610031
　　　　　　官方微博　http://e.weibo.com/sckjcbs
　　　　　　官方微信公众号　sckjcbs
　　　　　　传真　028-87734035
成 品 尺 寸　170mm×230mm
印 　 张　13
字 　 数　200千
印 　 刷　北京尚唐印刷包装有限公司
版次/印次　2019年4月第1版　2019年4月第1次印刷
定 　 价　39.80元

ISBN 978-7-5364-9411-4
本社发行部邮购组地址：四川省成都市槐树街2号
电话：028-87734035　邮政编码：610031